成材的木，成器的人

台灣木職人的記憶與技藝

Experiences in Wood, the Craftsman's Experience:

The Memory and Artistry of Taiwan's Wood-workers

行人文化實驗室 企畫　翁子恒 攝影

產品廠商：永興家具、竹木造咖、一青寬、江隆煙、正昌製材有限公司

wistron

目次

成材的木，成器的人
Experiences in Wood, the Craftsman's Experience

重返木頭產業

1.

如果我們身處一個全然數位建構的世界，像是 C、Java 等等這些電腦程式語言，就會是我們建構世界的工具。無論需要什麼，我們都必須坐在電腦前，一行一行寫出來，然後，新世界因此在 Pokemon 或者各種 AR、VR 世界出現。

早在遠古時代，木工藝就是我們的程式語言：如果我們需要一支叉子、一把椅子、一張床、一間遮蔽的房子，我們就必須學會處理木頭的各種技能，敲、削、磨，然後製作出我們需要的東西。雖然歷史學家沒有給人類一個「木器時代」，但其實我們都心知肚明，「木頭」，是人類用途最多的材料，更是我們面對世界，進行創作生產製造的「初始語言」。

現今所有人類主要發明，最初都是使用木料作為原型，像是在一個產品精煉過程中，我們的第一個樣本。當我們說「不需要重新發明輪子」時，我們說的就是木輪子。這第一個雛形，就已經把運行所需要的條件建立起來。無論是車子、房子或各種物品，以木製品服務人類一段時間之後，我們得以在這個基礎上，精煉發展出更新更好的產品。

木業也是台灣代工事業起家的原初材料。一開始，我們依賴豐富的森林資源，特別是樟木與檜木，用開採大自然換取金錢。接著，靠著對木頭的應對自如，我們一度建立了出口量世界排名第三的家具產業，同時，也建立了厲害的木頭加工機械產業，在全世界的出口量與代表性上也是名列前茅。

一開始，台灣森林尚未開發時，來自大陸的廟宇師傅使用來自大陸的福州杉，在鹿港、宜蘭、台南等地打下了木工基礎（主要是大木作）。接著，日本人發現豐富的台灣檜木資源，建立三大林場輸送區域的加工產業，也同時在台灣建立漆器基礎。戰後，因為美援及美軍，台灣人也開始熟悉木製美式家具與生活用品，以及運動用品。

之後，台灣因為禁止開採林場資源，加上更便宜的勞動力（大陸、越南），或者轉變成新材質（塑膠、碳纖維），讓台灣的木製產業漸漸衰退。

2.

跟虛擬世界不同的是：現實世界並非從空白開始，它是自然循環的一部分，早在人類出現前就已經存在，滿足人類的需求不是它的使命。我們只是為了自身需求，因而調整它的「原本狀態」。

在產業裡，我們主要用三種方法來「調整」實木：榫卯、車床與曲木。

「榫卯」是一種接合、加法技術，讓木頭之間可以串接，在建築、家具經常使用；「車床」是一種減法技術，利用轉動能力，快速削去不需要的部分，早期用來製作燭台，後來經常用於鍋碗瓢盆甚至棒球棍；「曲木」則是試圖轉變木頭的自然形體，讓它能夠符合設計的想像走、自由彎曲，羽球、網球拍到後來的搖椅，都是曲木的完美應用。這三種在台灣累積許久的技術，讓各式各樣的物品都能用木頭完成。（在本書中，我們特別選擇又稱「會津式車床」的「跳台」作為車床類代表，因為它與台灣的關係更為深刻有趣。）

這些技術通常需要訓練與耐心，主要是因為木材為天然形成物質，會因為品種、生長方式等各種因素，而有各式各樣的性格。師傅們面對一塊木頭，必須用手敲擊撫摸，然後下定判斷，替它做出最佳的處理方式。

相較起來，那些材料的後起之秀例如塑膠，就好對付多了。因為是無中生有，它們扎扎實實地如同虛擬世界的材料，就算有個性，也是全體一致的統一感，可以符合公式計算，少有意外。便宜而馴服，在規模經濟的世界裡，它們成為最受歡迎的素材，以席捲的方式成為人類生活用品的主要材質。

不花太多時間，塑膠背後便宜的代價已經開始出現，在渺無人跡的海洋、在空氣與水的莫名角落，現在都留下了塑膠的痕跡。即便我們了解這種永久不會消失的塑膠對人類的危害深遠，我們卻也已經無法離開它。為了幾顆蛋從商店移動到家裡的距離，我們依賴塑膠。為了一壺水幾小時的容納，我們依賴塑膠。為了方便，我們寧可犧牲我們看不到的下一代，或下下一代（如果還有的話）。

是不是可以轉頭看看木頭這種桀傲難馴的材料，細數它們其實擁有多少優點的時候了呢？

3.

我們在這本書中，依舊以「產業」的角度來看木頭。

一方面，我們是台灣經濟奇蹟之後的世代，在台灣經濟瘋狂成長到拋物線形式的逐年下探，這段時間除了中國崛起這個原因之外，我們是否失去了什麼特質？

另一方面，「產業」在台灣已經成為了一個不受歡迎的概念：他們位於鄉下、工作條件差、很可能造成污染。相對於都市裡光鮮亮麗的辦公室或服務業生活，這些傳統產業有沒有什麼新的機會，成為吸引下一代進入的工作？新的設計會不會是一條出路？新的材質的觀點是不是值得參照？

我們先從師傅口中獲得第一手的紀錄，了解這個產業的過去與現在，技術與生活。接著，我們採訪新的設計工作室，探詢他們以木頭作為設計材質的理由，以及與傳產師傅合作的經驗談。最後，我們附上幾篇談論木頭與台灣木頭加工的經典論文。希望藉由這幾種不同角度的視角，能讓我們稍稍理解台灣木頭產業，應該不應該有未來。

第一部 看見交會的生命：經典技術

A testament to the convergence of life: classical artistry

Woodcrafts share a link to the vitality of life, not by the mere fact of having their origins in the wilds of a mountain forest, but because they are the creations of artisans who have dedicated a lifetime to honing the craft by which they originate.

在隨手可以觸及的家具日用品當中，如果要挑出一種最溫暖的材質，你會選擇金屬、玻璃、或者塑膠？大多數的人或許都會說出木頭吧。原因，很可能是從紋理、色澤當中，我們看出了木頭曾經鮮活，而今在器物中凝結了時間的生命。

即使是在砍伐之後，樹木的生命力並不從此消失。木材仍然把二氧化碳緊緊抓在纖維之間，與空氣和水分的互動也持續，所以會收縮舒張甚至變形。曾經，這些生物特有的變化對人們來說十分熟悉，但在講求快速、方便的現代，鋼鐵和塑化物漸漸包圍了日常生活，連許多木材都被打碎、加壓，製成看不出木頭本色的系統家具……當我們離自然似乎越來越遠，這時還能接觸到蘊含天然生命力的木材，並把它們帶進你我家中的，就是實木加工的師傅們了。

他們有人秉持著中國源遠流長的木工歷史，細細鑿出精準的凹槽和接頭，無須釘或膠就能穩穩接牢厚重的桌椅；有人操作著一八九〇年代日本發展出的特別車床，慢慢削出你我捧在手心的杯碗；也有人使用厚重模具與機器，以高溫和重壓把直挺生長的木頭彎出細緻弧度。他們用一輩子生命的時間專注凝視木材，了解樹木的「個性」，再考慮出什麼方法適合呈現樹木一輩子時間累積出的生命，製成產品送到人們身邊。

讓我們藉由木材的質地和師傅的手藝，再次體會生活中蘊含的生命之力。

從初步原料脫胎成最終產品，必須有組裝的步驟。在眾多製造業中，木材特有的組裝方法，就是榫卯。即使不倚靠外力，沒有了方便的鐵釘和膠合物，木工師傅還能靠張力和摩擦力將木材固定。一個個有方有斜的凸出，穩穩嵌入或隱或顯的深淺凹槽，或許再加上幾個不偏不倚的四十五度角，就能讓厚重的木條木板緊緊咬合，文風不動。

這份穩固靠的是師傅對於不同木料膨脹收縮程度的熟悉掌握，也靠他們對於百百種榫卯處理應力的廣博認識，還有動手裁切、鑿洞時分毫不差的精準眼力。層層疊疊的凹凸，不只能撐起重擔，若加上顏色深淺搭配，也能成為設計的絕佳夥伴。從實用到美感，傳承千年的技術仍然潛力無限。

第一章 結構的力與美：榫卯

Structural power and beauty: the mortise and tenon

Based on the precise skill and material knowledge of a master artisan, the mortise and tenon joint can tightly bind together two pieces of wood without nail or adhesive, exhibiting structural power and beauty.

榫卯師傅

想心機弄機關

王登發

心機算計善操弄，在榫卯專業中可是必要條件，凹凸之間的進退應對，得恰到好處還不落痕跡才稱得上美。

用這個準則做人都難了，拿來做人要用的東西更不簡單，因為要取悅的，還是人。有四十餘年榫卯經驗的王登發，回答之前總要出題，像迷宮關主，也像諺語說的：「先有孔才有榫」，挖洞讓人跳入機關重重的神奇世界，答案不能平白給，答錯重來，答對就走出一條自己的路來，這也是他在木業不斷計算驗證出來的經驗談。

榫卯，一凸一凹，不用釘子就能緊密接合兩個物件，是傳統中式、日式木造建築或家具都常用的技法。常用、但不常見，因為接合之後，凸出來的榫頭與凹進去的卯眼就隱藏起來，也因看不到，這項極具高度智慧的傳統技法就逐漸被淡忘散落。一見面就打哈哈說編輯都來問過了、等等就請她導覽、說不出就木棍伺候的王登發，還沒認真回答自己對榫卯技術興衰的觀察，就直問大家知不知道手上的木物件是運用哪種榫卯，面對獲頒今年台中市政府魯班公獎的木作達人，眾人豈敢班門弄斧，應答聲如廠房空氣中的木塵若有似無，「其實沒有標準答案，現在學校教的名稱，跟以前老師傳教我們的都不同。」王師傅高深莫測，拐個彎說傳統技藝難以傳承的困難之一，在於莫衷一是的說法不牢靠，親自做最實在。

王登發進入木業前曾做過很多工作，畜牧、車床、園藝、製鞋、郵局、電焊條，甚至都還不會開車就先取得堆高機駕駛操作資格，學習能力強但總覺自己不適合那些工作環境，一直到親戚推薦進入木業，已經二十八歲。比起廠內多為國小、國中學歷的學徒們，高學歷與相對高齡，讓他曾不好意思說自己也是學徒，只說是「半技工」，一位老師傅看出其中玄機，某日突然要他遞上一個工具，連專有名詞都聽不懂的王登發心機跟著心跳一動，脫口回答：「今天沒帶。」靈巧過關。但他深知專業缺口遲早被看穿，拚了命地私下問人、自學補強，這不得不的努力，還有上司的賞識，竟讓他一年內就升上了組長，和其他組長各領專業組別。

工作、產業，都需靈活應變

心機算計也得有個底子，空有算式沒有數值無法成立。王登發又開始為自己打底，組長等於師傅頭，光憑興趣還不足以帶人，調校機械、識圖製圖、組裝、收尾、小至各式家具大至空間裝潢，製作榫

卯的所有步驟環節都要懂要會做，行業興盛時期全廠組員還曾多達兩百多人，但隨後，產業沒落，工人銳減成數十人，就連木材也和人才一樣，面臨資源短缺、難以常留的問題。

公司力圖轉型之時，王登發的另一層心機又啟動，山不轉路轉。當學徒們轉向其他技術產業、人才不來求職，乾脆就到職訓單位求才，此一創舉不僅讓永興家具避開無人傳承的窘境，還開展出另一條訓練之道。

他察覺，過去工廠走同一製品的量產路線，技師們容易長期鑽研同一個技法，這在舊時代或許吃香，但進入與設計師合作的時代，換了商品或有比較創新的設計構造，不知道臨機應變就容易產生隔閡，將使得傳統難以傳承。為此，他讓資深師傅和新進學徒們，先不分年齡、性別、資歷能力，都要輪流應對不同的生活空間，如臥室、廚房、佛堂、交誼廳等，最後了解各自專長、個性之後，再重新巧妙安排專業位置，讓每個人都有一席之地。這也是師傅頭給自己留的進退空間，合作之法。

在產業轉型的過程中，榫卯沒有被淘汰，反而幫助公司逆勢成長，王登發認為也和公司生產理念「好的東西要值得用」有關。「這個東西會讓你喜歡、常常使用、而且使用很久，就是好的。」他說，這也是榫卯的優點之一。而他也以此看待自己的木業工作，因為有興趣而漸漸愛上，又從實做發展出設計興趣，「我就是覺得用自己做的東西感覺很好。」

就這樣他因為孫女誕生，設計了一張以八卦榫構成的得獎桌，命名為「春天」表達自己感受生命繁衍的喜悅，又為孫女製作了一張打開隱藏的榫卯開關鎖就可以變成為手推車的兒童座椅，連和知名的設計師合作椅子，都要親自坐了又做，找到最舒服的角度和高度。

但用榫卯設計出許多經典作品的王登發也有自己的難關，「我自己覺得發想很快，製作的工也簡單，但設計和構圖卻很難，像得獎的『春天』，當初怎麼畫樣板就是畫不出來，後來乾脆反著做，先做模

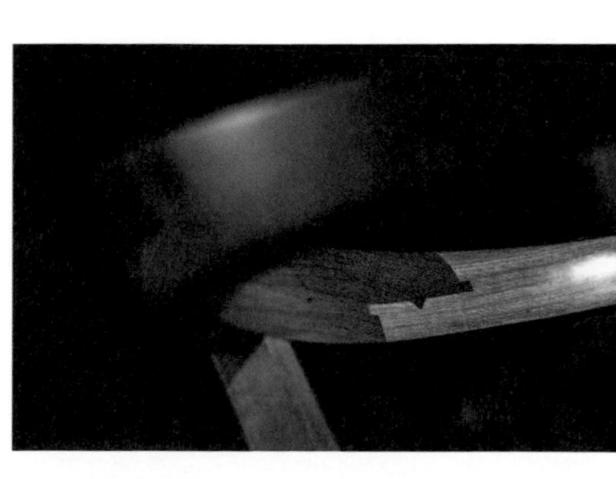

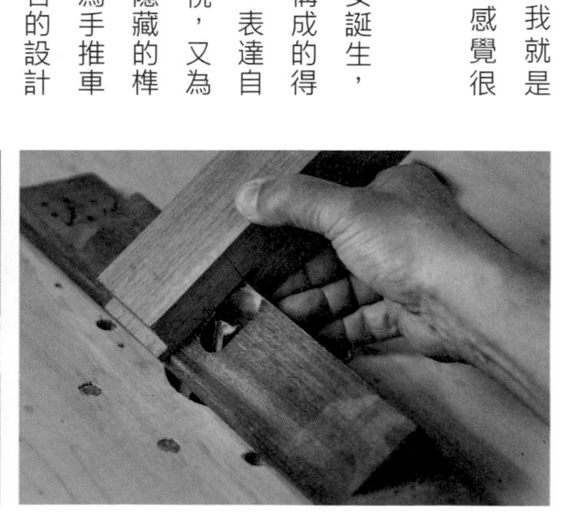

WILDLAND

型，實際找出問題，發現模型做得出來，實品也就出現了。」另一個難關則是兒孫們，「小傢伙太有心機了，說要去街頭表演籌旅費，阿公怎麼可能不贊助。」嘴上鬥可手裡一掏都是大手筆，這種心機他倒不算計，還說以後想用純榫卯技術幫他們蓋一棟木屋。

技術、眉角，皆賴精細洞察

打造榫卯一如應對人生，出入進退、天地乾坤之間有千百種意想不到排列組合，但對王登發來說，千變萬化中有一個共通課題：洞察先機。有別於神機妙算，先見之明得靠厚實的觀察與明白，好比看出人才斷層與時代需要的產品

WARNING
ROTATING BLADE HAZARD.
DO NOT operate or touch with guard removed.
Lockout / tagout before servicing.
Keep hands away.

有關，又好比他說看師傅怎麼留榫卯的尺寸、邊緣距離，就知道是不是真正經驗老道的高手。「每個木頭特性不同，加上地區環境氣候也不同，就會影響熱漲冷縮的程度，這張椅子是要內銷台灣、還是外銷到歐美、甚至隔壁的日本，都要考量環境因素，榫卯接合太緊容易讓木件崩裂，太鬆又易垮解，怎麼留縮脹空間都要靠經驗，目標是做出一個像傳統老家具那樣幾十年都不用維修的生活用品，真不簡單。」

他舉「出榫」技法為例，現代許多家具為強調自己真使用榫卯技法，都會將卯眼直接穿洞，讓外觀能見榫頭，但若沒有上述考量和經驗，不用多久榫頭就會凸出，需要送修磨

平。「我們的行話叫做一尺縮一分，就是三十公分的木材大概會有三公釐的收縮，還有收縮的都是寬度，長度不會。這都是很多人不知道的眉角。」眉角之所以重要，在於因應木資源日漸短缺，好料也得之不易，榫卯設計得宜，就能減少加工過程中的廢材，王登發指出角落一張「哭泣的椅子」，因為設計師浪費太多木料，看在愛惜木材的師傅眼中不免心疼。「不是大、或者用高級木頭就是好。」

過去，使用榫卯構成樑柱，隱密而微妙地支撐「牆倒屋不塌」的屋房，凹凸相扣、鬆緊得宜之間還保留了絕佳彈性，或許也是良善心機運用在人情義理中的絕佳借鏡，王登發，登高不只望遠，還發現了重重機關裡的算計美好，也因為其中人事物盡美，所以即使曾面對產業衰退也沒想過轉行，即使公司轉型、自己也闖出名號、有人高薪挖角，他還是選擇留下。

「沒有必要走啊，而且也捨不得，公司附近所有星巴克的店員我好不容易都熟了，各個都像朋友一樣。」原來這是一開始直說沒有星巴克咖啡就不回答問題的原因，又給落了一洞擺了一道。

（文／王妃靚）

榫卯

製作流程

step 1

以手壓鉋木機和平鉋機將毛料刨出平整方正的直角，並以砂光機打磨，完成備料。

step 2

根據要製作的器物規畫使用的榫卯種類，畫出圖面並計算應力。

step 5

使用角鑿機挖出接合的凹槽（榫孔），並用鑿刀修平凹槽垂直面。

step 6

使用做榫機切割出方榫的榫頭。

step 3

用筆在木料上畫出需裁切、打孔的位置。

step 4

依照需要裁切、打孔的尺寸，操作轉盤或螺絲校正機器。

step 7

做榫機無法切割的部位，改用圓鋸或修邊機削切出需要的孔洞或角度。

step 8

將榫頭與榫孔接合，必要時可用膠鎚輔助，但須避免傷及榫卯結構。

簡樸而精湛的智慧結晶

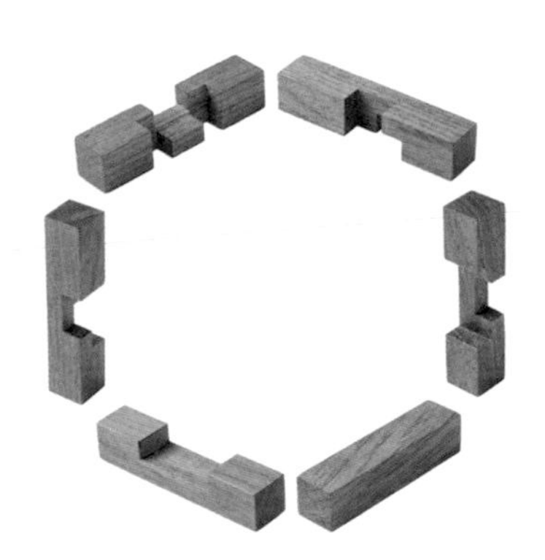

幾根有凸有凹的簡單木條，就能構築出豐富的一方宇宙，讓人一頭栽進空間幾何與邏輯推演的謎團裡——這便是益智玩具「魯班鎖」的魅力。

魯班鎖，可說是榫卯工藝具體而微的展現。

「榫卯」又稱榫接，即對木材進行切削，讓材料變得有凹有凸，而可相互接合。「榫」是指凸出部位，又稱榫頭；「卯」是指凹陷部位，又稱榫眼。

除了木雕之外，對傳統中國木作而言，榫卯是不可或缺的基本功。從梁柱、斗拱等建築結構，到家具、箱盒等日用器物，由榫卯組成的穩固、緊密結構，可疊高、可承重、可耐震，且大小、樣式變化無窮，既落實人們對空間的想像，也使器物造型更形豐富。

以下，就介紹四種常見的榫卯類型。

楔釘榫

把兩個平行接合的構件切割成上下兩片，再在中間插入方形楔釘，強化對拉力的抵抗，使構件不會上下、左右位移。在傳統明式家具中常用於圓弧形物件，如弧形椅背與扶手等處。利用楔釘榫，不僅可加長構件長度，同時也能減少木料浪費。

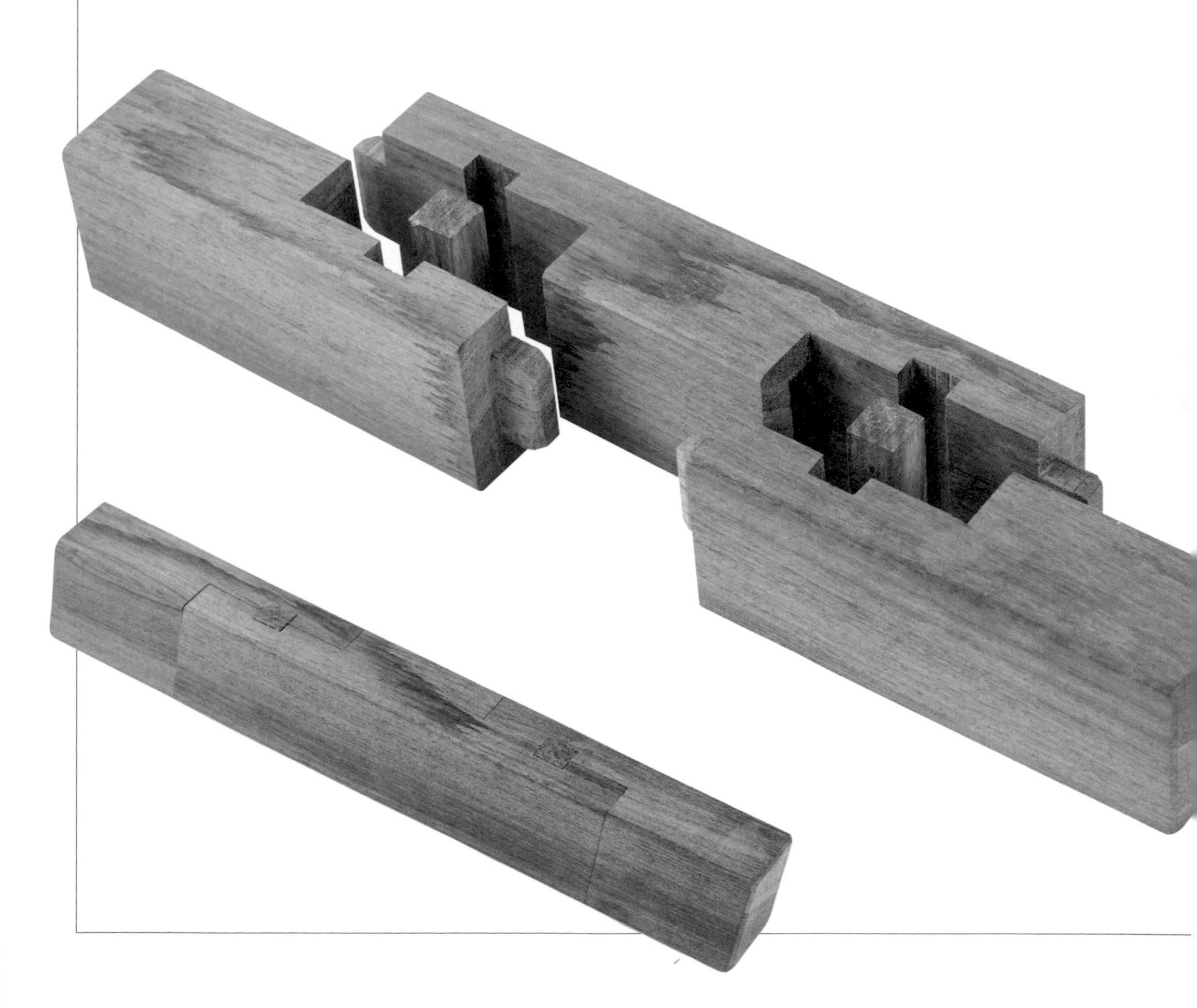

十字搭接

將兩個構件各自削除一半厚度後進行垂直嵌合，適用範圍廣泛，只要是兩種構件在透過十字型垂直交叉後，需呈現出同樣高度或寬度的部位都可使用。常見於桌腳、椅腳、門窗格柵，或是櫥櫃抽屜內的層板。使用於桌腳、椅腳時，可有效縮小占地空間，呈現簡潔外觀。

丁字結合

將兩組構件以丁字型垂直接合，適用範圍廣泛。當構件為方材，若兩邊構件各自有凹有凸，且接合處呈現為三角形角度，則稱為「格肩榫」；當構材為圓柱、或接合面呈圓弧狀，若一邊構件外觀維持原貌，不施作凹槽，則另一邊會配合其弧度削鑿，使接合處呈現圓弧型，製作上難度更高。在此示範的是以弧形直材製作的丁字結合，從側面可以看到優美的圓弧型。

粽角榫

將分屬於 X、Y、Z 三軸的三根方材垂直相接成轉角，因為外形近似粽子的角而得名，是傳統家具的經典榫卯結構之一，結構非常堅固，常見於桌子、櫥櫃、書架的四角。特色是「三碰尖」，接合處的三根方材都削出 45 度斜角，拆解時一共可看見 6 個 45 度斜角，其中一根方材的內側挖空。

第二章 化方為圓：跳台

Turning squares into circles: the Suzuki-style lathe

A Japanese invention, an American import, and a Taiwanese mainstay, the Suzuki-style lathe has not only advanced the methodology for form symmetry in the large-scale production of wood products, but also left its mark on the historic trajectory of globalization.

低調藏身在台中市豐原區的跳台，是全世界僅存於台日兩國的罕有技術。把切割成方型的木材，削磨成圓形的杯碗瓢盆，原本只要使用了會帶動木材旋轉的車床轉盤都做得到，但若只靠轉盤加上匠人手中的刨刀，成品會依照匠師的經驗和技巧不同而品質不一，為了達成同樣標準，也必須花費更多氣力時間。在日本福島縣會津地區研發的跳台，為車床加上了模具，使得量產更容易、水準更一致，再加上跳躍，就可以一次完成器皿內外的形狀。

發源於日本東北地區的跳台，經過美國人開設的公司，輾轉落腳豐原。隨著訂單減少，製作方法改變，曾經多達上千人執業的跳台，也漸漸萎縮到只剩兩位師傅操作，串起台美日三國的這段情緣，默默地隨著被送進廢鐵廠的機台淡出台灣。

跳台師傅

傳奇奇妙不可傳

江隆煙

一到現場，江師傅的步調就讓眾人跟他不上。他才說完：「等我一下，我去洗個臉，剛剛在睡午覺。」採訪團隊一放下裝備，他的輕快聲音又突然竄出：「哪，這個就是這樣，模具，就這樣，啊機器……」「等一下，師傅……」看著大夥手忙腳亂，師傅笑得瞇起眼。「哈哈，我只是先讓你們看看機器怎麼轉的啦，這又沒什麼。」

奇景：沒有什麼的工廠

江隆煙的跳台工廠，像是現今流行的個人工作室，將自家透天厝旁的挑高倉庫安上幾個架子放進機台，就是工廠了。人生過一甲子，入行四十年，聽聞很多在大學授課的木工老師都景仰他，低頭笑說是嗎，似知未知，等那麼一下又抬眼：「我認識啊，很多人都帶學生來我這裡看過。啊不過，這也沒什麼啦。」不是謙虛，因為木器的車床加工，現今多交給規模大的工廠製作了，但偏偏熟知箇中巧妙的科班教授、木藝創作者都發現了這個台中豐原地區僅存的傳統跳台工廠。傳聞自此成了傳奇。

奇一，是奇景。別的木工廠大小機具、工作檯、原木料，一望可分，在這裡，只見整屋麵條似的螺旋狀木屑，也不是慢慢堆起，跳台一啟動，被高轉速挖刨出的木屑有如電焊時的火花四射，沒兩下功夫，機台旁各個都成了堆木屑人。「這很好躺耶。」江隆煙要眾人用手壓一壓木屑堆，這一壓，木屑堆裡突然出現一個身形、穿著和江隆煙一樣的人，也是戴著口罩瞇著眼笑。「哦，那我弟弟啦。」

不見工具、不見人

影，只在此山中。妙的是，不懂門道的外人木深不知處，師傅卻練就大海撈針絕活，角落裡身子一縮，從同樣都是圓形的木片裡撈出模具，巧手一撥，粉塵飛散浮現一排排尺寸不一的鑽頭。「咦？這是……」眼前冒出幾個很熟悉又不知在哪裡看過的旋鈕，「哦！那是我的拉滴歐（Radio）啦！我們這裡很小，真的沒有什麼。」

奇事：
這哪有什麼功夫

跳台又稱 bowl 台，用來車製木碗盤杯等基本的圓形物件，但為什麼叫跳台？「就是這樣啊！」江隆煙突然輕巧地從機台這頭跳到那頭，車盤內

又車盤底，眾人大悟驚呼，他又安上圓木片、架好長鑽頭，打開機器，將鑽頭對準盤心，沿著跳台特殊的模具移動，喀隆嘎叱聲中，盤裡一圈又一圈漣漪泛起，看得人心裡都開出一朵花來。「好神奇！」「哈，這又沒什麼。」

高手不說，拿出瞬間成型的木盤就好。現在的大型車床，是機器不動，木料進出；但傳統跳台正好相反，固定好木料，接著是一連串真功夫的開展。只見頗有重量的長鑽頭在師傅手中穩當地巧妙應對機器的轉速力量，還能隨心所欲控制刀鑽方向刨出精準的圓潤。更別說不分角材、板材、尺寸大小，對他來說都不成問題，只要角度抓得穩，機器控

制得當，不讓過快的轉速磨熱燒黑木頭。問他要怎麼知道做好了：「看就知道了，我這是工作四十年的眼睛。」對老練的師父來說，經驗之道就是眉角餘光。彼時渴求專業技術者眾，他唯一拒絕過的訂單就是高窄型的杯子，鑽得深但看不見，無法檢視其中的細緻度。

然而從還能拒絕接單的光景，很快就演變成接不到訂單的困境。隨著機械時代來臨，加上常民生活對木餐具需求大幅降低，重人工的跳台訂單跟著銳減。豐原地區興盛時期有一、兩千人操作跳台，現在只剩江隆煙兄弟倆，「以前大單都還有一千多個，我們兩個熬夜不睡覺才趕得出來，很多時候就睡在木屑上面，連對話的時間都沒有，所以才需要收音機陪伴。現在訂單每張幾十個，最多也不過幾百。」

講求效率的時代，能夠迅速大量生產的大型車床、CNC工廠逐漸取代了傳統跳台，但這當中江隆煙持續獲得不少國內外木器設計品牌青睞委製，還曾被邀請到越南、中國教導當地工人製作風行一時的歐美沙拉碗，這全是因為CNC雖然精簡人事成本，以大型機具為主，只留下上木料的操作員，但同時也需要人工輸入程式以達精準，而程式還需要設計、輸入者也須熟悉木頭材質與刀具、應力之間的關係，這些都得從傳統技術學習，不少大工廠的工人又回過頭向江隆煙請益程式的調校。

加上現代消費又走向設計品牌路線，客制、少量又能達到精準度，唯有以規格化模具為主要工序的傳統跳台能配合生產，跳台加工再度獲市場青睞。江隆煙隨手翻開雜誌都是自己欣賞的木器漆器，他說有些弧度、光澤度，近乎吹毛求疵的追求，都是機器標準化做不到的人工質感，這個堅持甚至也讓他獲邀到日本精進相關技術。問他為什麼不出國，還婉拒許多合作計畫，他說家裡很多事要顧，狗要有人餵。「做生意的功夫我不會，我只知道怎麼靠技術賺錢而已。」

奇人：
啊就愛錢卡好

江隆煙說自己愛錢，但

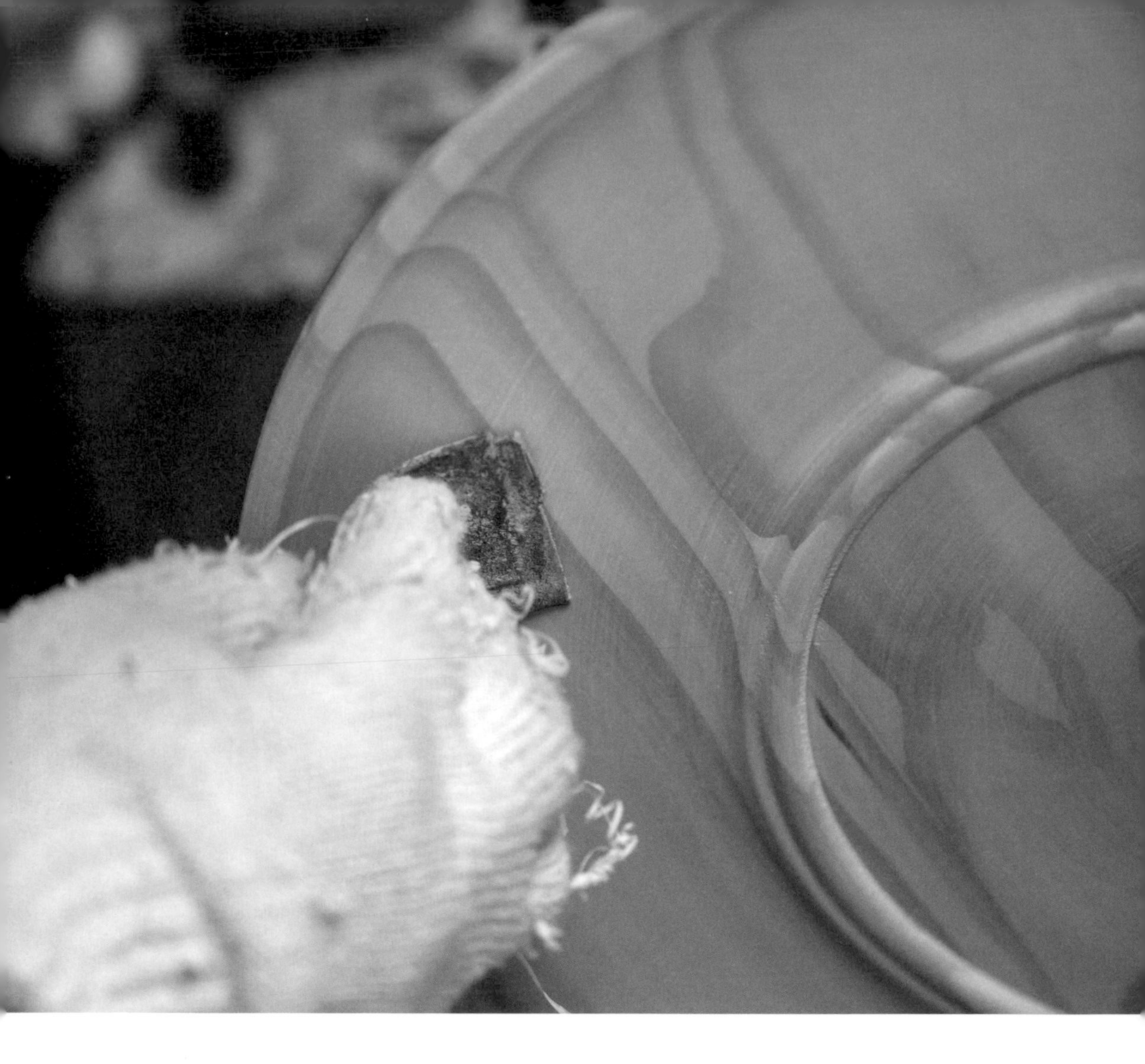

那個年代人人都愛，覺得長大了就想趕快找工作，也都有錢賺，有得學。剛開始做烤漆的江隆煙，自覺遇到好師傅，有感情了，要離開回來接哥哥的跳台工廠還萬般不捨，「但我兩天就上手了。」始終自謙的江隆煙談起當時難得自豪，年輕時體力正好，加上學習能力強，把哥哥從「美國公司」（水源路上的「米爾帕赫羅工廠」）學來的日本技術運用高超，和小弟一起打拼，一天可做五、六百個，按件計酬，月收入六萬上下沒問題。

然人隨時代走，他笑說自己六十歲的身體現在做一個要十分鐘，一張訂單九十個，加上裁切木頭、打造模具約一日，一天得工作十小時，才能

準時交貨。連料帶工，一個賺五十元，做九十個可在兩天收入四千五百元，以現今接案量，月收入最多兩、三萬。願不願意收徒弟，增加人手和收益呢？「孩子大了獨立了，賺這些也夠用。收學徒我也不知道怎麼教，靠經驗這種事，就是要自己下去慢慢磨，錯了、感覺不好，就修，這樣而已。」沒說不收徒弟，經驗只能體會不能言傳，學問是得有人問了才有得教有得學。於是沒人傳承也繼續作，像數十年不變的作息，八點做到十二點，午睡一小時，固定一杯三合一咖啡醒腦，下午一點做到晚上八點，等妻小一起吃晚餐，跟寵物狗鬥嘴，最後以政論節目作為熄燈號。沒有什麼比生活如常最重要。

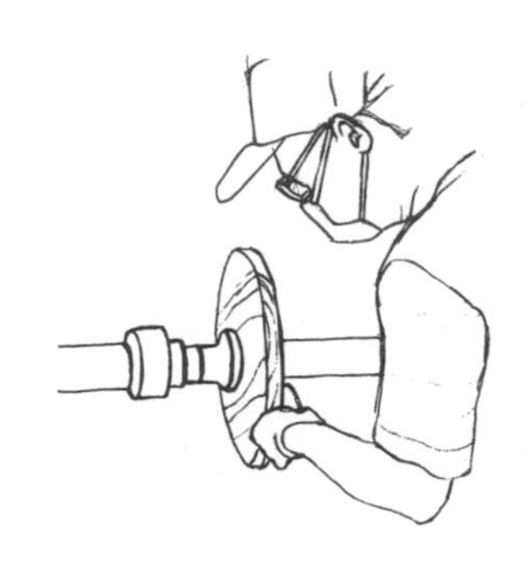

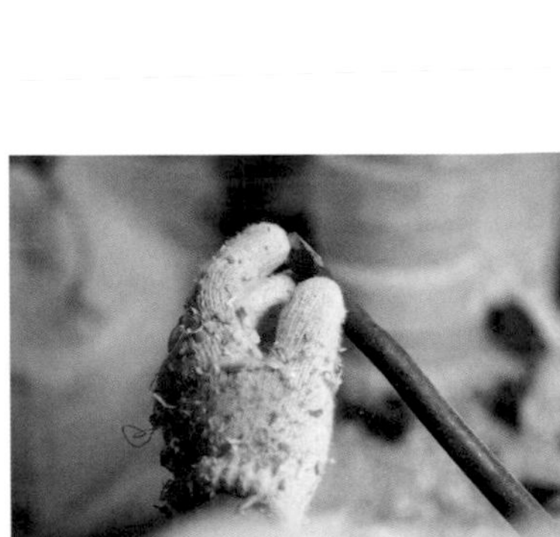

江隆煙愛錢愛得很實在，木料背後寫的數字不是尺寸，是成本收支計算，連車下來的木屑都要賣，一大包木屑賣二十元。說自己愛錢的人，卻常常和弟弟一起騎著機車載一包包「肉骨仔」救援街頭病弱的狗，他指著始終沉默的弟弟說：「我只是無聊，他是真有愛心。」弟弟終於開口，用極細小的聲音說：「那個木屑都給有錢人買去給馬兒窩在上面睡覺，最後還可以變堆肥，很環保哦。」高人話說不盡，臨走難捨難分，站在木塵裡談紅塵，笑得比夕陽溫暖。

（文／王妃靚）

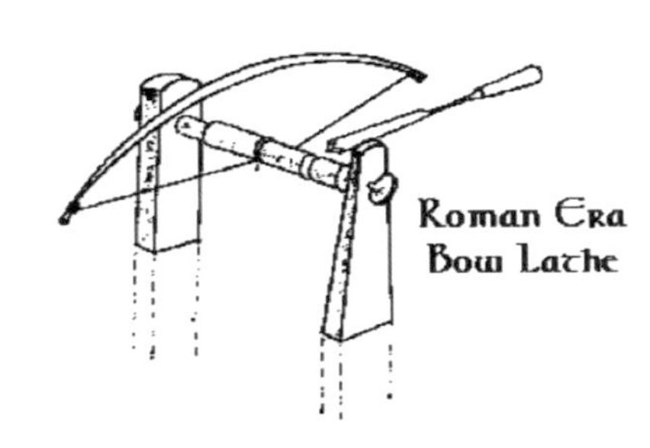

弓式車床

操作人數：1 人

動力來源：由車工推拉弓臂

動力傳導方式：弓繩

效率：中

圖片來源：Mendelsches Bruderbuch 1395

弓式車床非常類似於帶式車床，與帶式車床最大的不同在於旋轉的動力來自於弓。車工一手來回推拉弓臂，藉由纏繞於木件的弓弦，使得木件旋轉；另一手則負責削形。如此一來，原先需要兩人操作的車床，僅需一人就可以完成！

車床的發展

在這之後車床技術持續地改良，逐漸發展出各種更有效率、更精細的機台，例如：弓式車床（The bow lathe）、竿式車床（The pole lathe）、大輪車床 （The great Wheel）與踏板車床（ The treadle lathe）等。

以上所介紹的是工業革命前各時代所出現的車床，在工業革命後不只是驅動方式巨大地改變，也由於機具強度的增加，使得金屬車床成為可能。John Jacob Holtzapffel（註）將車床稱為「推進文明的引擎」。他認為在各種機床之中車床是最為獨特的，不僅是台能夠複製自己的機器，還能夠製作所有其他機床！由此可見車床在人類技術史上重要的地位。

註：John Jacob Holtzapffel (1806-1847)，車床機械製造商，寫過一篇長達 2750 頁關於車床的論文〈車床與機械操縱〉，這份論文成為後世研究車床的必要參考文獻。

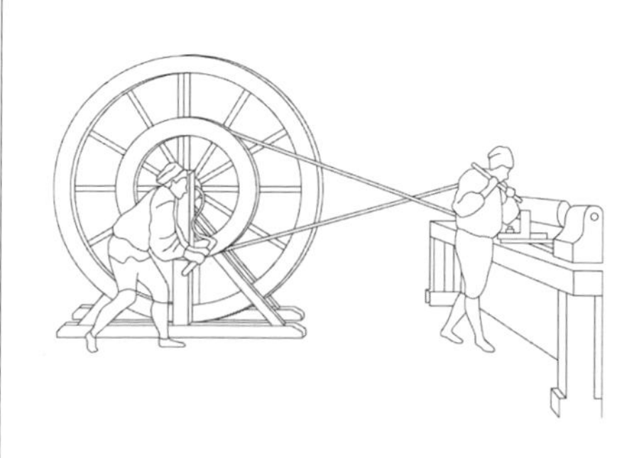

大輪車床

操作人數：1 人
動力來源：由助手、獸力或水力轉動大輪
動力傳導方式：滑輪系統
效率：極高

竿式車床

操作人數：1 人
動力來源：由車工腳踩踏板
動力傳導方式：繩子
效率：高

大輪車床的驅動方式則是利用滑輪系統：首先以人力或獸力使大輪轉動，動力經過滑輪系統後，小輪便可以更快地轉速帶動木件。前三種車床是週期性地來回旋轉，然而大輪車床則是固定的旋轉方向，如此車工便能更不受來回旋轉的節奏所影響。

竿式車床的基本原理與帶式、弓式車床一樣，其最大的特點是弦的兩端的固定點：一頭是腳踏板，另一頭則是吊竿。這樣的設計使得單一車工更能夠決定工作的節奏，並且方便掌控削形的操作。

俗話說，坐如鐘，站如松，取的就是樹木筆直向天空生長的意象。看見直挺的樹木，令人好奇最早開始製作曲木的美加原住民，是什麼樣的機緣，才能神來一筆地想出將木材彎圓之後再使用，不只拓展用途，也更加美觀。

從早期使用蒸氣加壓，到現在換成高週波機器，木業發展多元的台灣沒有錯過曲木的技術。曲木曾是外銷木製品的重要元素之一，從桌腳到椅背，還有網球羽球的球拍，柔美流暢的線條是師傅們待在高溫環境裡，以汗水催生出的彎折。角度越小，難度越高，需經過反覆調整、加壓，甚至退出修改模具，才能追求那更極端的一度，在過程當中，仰賴的不只是木材的韌性，還有師傅的根性。畢竟，要改變樹木用了一輩子時間積累出的質地，也得用人的時間下去拚搏。

第三章 弧度的藝術：曲木

Artistry in curves: bentwood

From desks and chairs to sports rackets, Taiwan's bentwood products were at one time ubiquitous throughout the world. The elegant lines and exquisite curves formed by the bentwood process require countless adjustments and refinements to achieve the desired result.

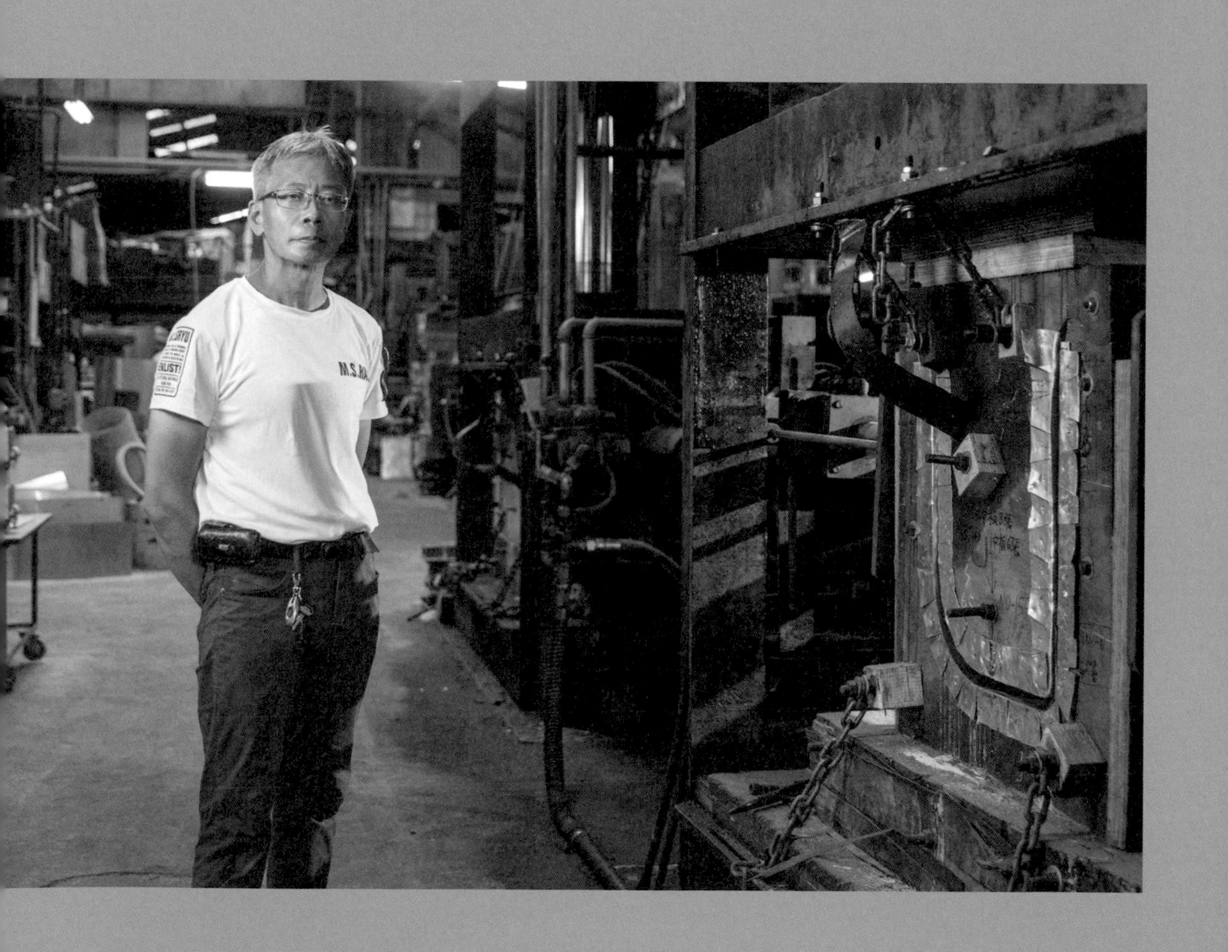

曲木師傅

機械時代的技術者

張政義

曲木，從字面看是將木頭彎曲，實則為黏合多層薄木片，再透過加熱、加壓、接合出各種彎曲型式。看起來重機械，但擁有傳統技術的師傅在其中，仍有一席之地。「能有所藝者，技也。」莊子《天地篇》談所謂的技術，來自於有創造才能的人。傳統來到現代，手工與機器競合，不能太理想化，也不能沒有夢，漫長的琢磨，鍛鍊了從工而藝的獨到精神。

傳統木工廠是少數機具輔助人工，但在大肯曲木則處處是大型機台，乍看之下，工廠裡最資深的師傅張政義和其他操作員沒什麼兩樣，纖瘦身形和輕聲細語總一下子隱沒在機器當中。他謙遜說自己之所以稱得上資深，是因為有一個比他更資深的老師傅剛退休，又說稱不上什麼職人，只是可以養家活口。

但他確實對木工有興趣，自員林崇實高工家具木工科畢業後，退伍入行至今四十八歲，都在大肯曲木。從職業學校畢業到投入職場，張政義笑說幾乎是自學過程，學校教育畢竟與傳統職場師徒制不同，有更多時候強調獨立探索的能力，但入行後竟也讓此等能力有所發揮，「那時工廠有一個前輩是瘖啞人士，每次教我都是比手畫腳，一開始搞不懂都只能摸摸鼻子溜走，還好在這裡大多需要親手做，我就邊猜邊摸，還真的學會了。」專業的工作領域也要找到自己的專長，漸漸地，技術師傅找到了人工與機器的相處之道。

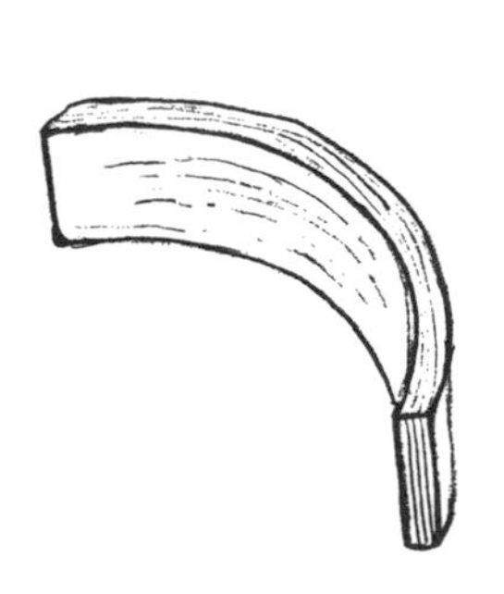

機器再精細，人也要凌駕掌握

曲木過程看來制式化、易學，除了製模現在多已委外，從膠合、壓型、脫模、冷卻、裁切、摩擦整平，都是一再重複調校機器、上刀具模具、上木材、啟動的步驟。然機械生冷，得人自己避險，即使熟悉工具可以提高安全係數，但意外總出人意料。張政義憶自身經驗，一次沒注意軸承已鬆動，一運轉，零件四分五裂，跟著材料齊飛亂打，幸虧閃得快沒有受什麼傷，但從此知道平日維修機器的重要。日後他常做惡夢，夢見害怕操作機器，直到現在覺得機器會怕他了，「因為都換我在修理它」，一語雙關，使用機器的技術者，從敬畏到呵護，也在在說明重機械的時代，關鍵還是在人。

張政義直言，電腦效率高，講求慢工出細活的人工自然趕不上生產速度，「可是也還是有些機器無法克服的細節，比如大物件、或者刀具和鑽頭無法到達的角度，需要人的眼睛檢查、手去細修。相對地，做久了就知道什麼叫做好了，用手摸、用眼睛看，都知道。」

有意思的是，大肯曲木有個連其他同行都摸不透、看不出的獨家接合技術，看似一體成形、找不到任何接縫，也是人和機器合作無間的最佳例證。研發初期沒有任何機器可以達到技術需求，老闆與師傅們只得從無到有，乾脆自己設計製造機器，張政義自豪，即使跑遍全世界大概也找不到一模一樣的，「因為有很多部件是配合師傅操作的動作、習慣去改良的，真要說獨家，其實是因為每個地方的工人做事方式不同，你做得出我們的機器，但不見得適合你的工人或工序。」

不管是機器或人，全仰賴經驗累積精細度。從一公釐再細分成一百條，計算得越精細，就能讓曲木的鬆緊度、接合度更完美。公式與機器不是絕對精準，得在試做中慢慢調整，尤其面對不同硬度、彈性的木材，需要一次次存檔，再累積「這個木材適合做什麼」的判斷經驗，這也是張政義覺得這個行業最迷人的地方。

「木材很好玩，不管是哪一種木頭、或哪一個部位都有生命，透過經驗提高成功率，不在研發過程中浪費太多材料，就是最難也最有趣的，這也比面對千篇一律的機器動作有意思多了。我比較喜歡動腦筋，

S01

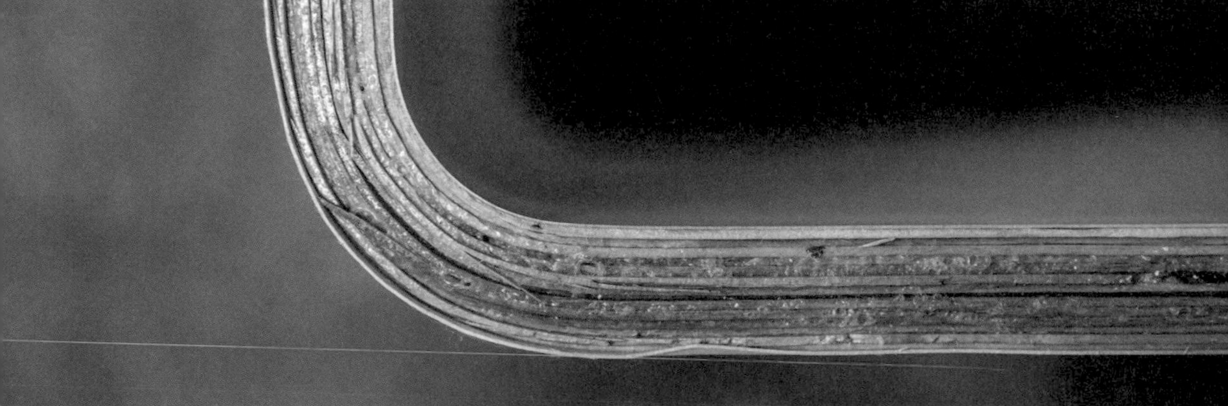

FASHION
03
SPORTS

這樣做起來比較不乏味，就像我唸中醫一樣。」

時代在變動，產業也得走新路

和其他師傅一樣，張政義也曾興起轉行念頭而報考中醫，並非單純因為熟悉機器沒有新鮮感，也因為妻小認為他可以找到待遇、環境更好的工作。比起剛入行的學徒，師傅級的待遇確實有因技術加值，但加工業一度面臨沒落危機，從二十幾年前的全盛時期，負責出貨的司機有時一個月要出車二十五天，現在一個月五天都算多。利潤跟著訂單銳減，前景茫然，使得人才培訓出現斷層。大肯老闆認為和大眾對

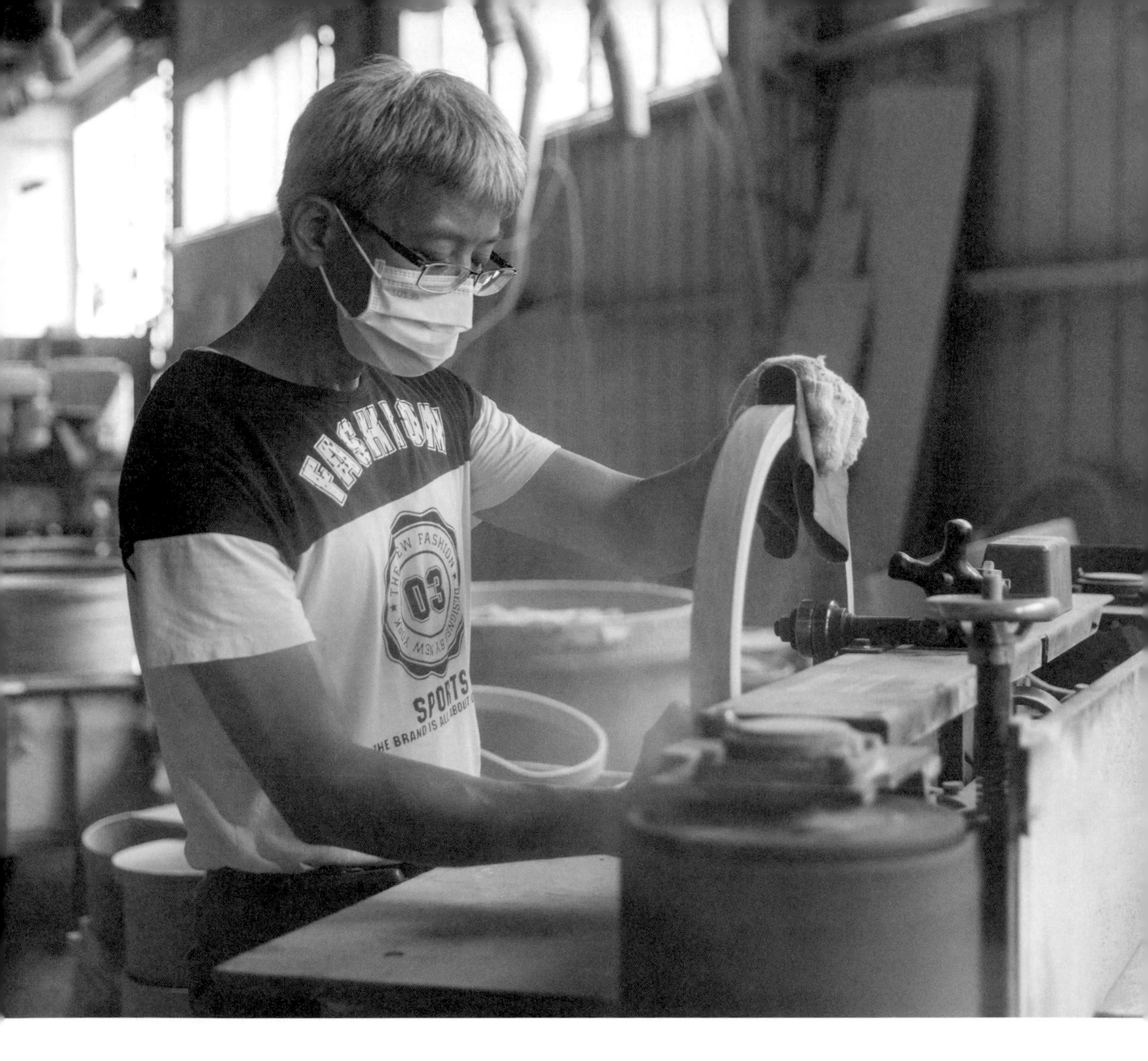

於職能的理解不足有關，「像CNC木工機械技術，高精密度、可少量多樣，是目前最適合許多國外家具訂單的工法，但一般人只知道我們是加工廠的工人，不瞭解這不是人人都能做的工作。以前工廠幾乎每個工作步驟、每台機器都至少有一個人專門顧著，師傅還可以挑學徒，但是現在除了要找得到員工，也要想辦法留住人才。」

上門求頭路的學徒變少了，師傅需要新動力，面對傳產轉型，大肯就從建立品牌來為員工增加成就感與實質獲益，老闆學行銷，也讓資深的師傅學管理。目前工廠所面對的新進員工大多是外籍移工，張政義說進入這一行這麼多年也從沒想過要學著跟外國人溝

M.S.RAY

通。「但後來發現其實就跟暗啞師傅比手畫腳教我一樣，在機器工具前親身示範、也看著學徒操作調整，人教人，好像比人去學機器，去唸管理學的教科書，還有更彈性的發明、發現空間。」

人能屈能伸，如木可直可彎、可巧妙接合組裝變形，過去曲木多為代工訂單，設立行銷部門後，發現除了技術，與設計師合作可以讓獨門商品增加客製訂單與品牌經驗，這也讓大肯認知到所謂的專業，得更誠實面對生產問題。「台灣的木產品設計師很多，但也大多無法商品化，不只和生活環境、使用習慣脫節，還有很多是因為不了解加工製程，光設計師想要一個很漂亮的角度，

pụ xin ử xưnglu 47
Sơ Sộ
GIANT

我們師傅就要調校很久，時間都是成本。」設計師有想法、師傅有做法，但有時就是沒辦法，為了解決這個問題，大肯讓像張政義這樣的資深師傅進入研發環節，意外地也讓技術者找到新動力。

「厲害的設計師會讓我想要完成他的所有要求。」隨手移來辦公室角落的一張樣品椅，透過曲木不同的角度，可以是座椅，翻轉之後又成搖椅，「這個曲度是靠扭轉讓材料一體成形，可以延長使用年限。角度的承重力計算也要看木頭的彈性。」技術說破了就不值錢，因為其實很難一語道破。就連曲木過程中同樣關鍵的膠合作業也難說眉角，「像近年講求環保降低甲醛比例，

相對地黏性也比較低，但其實我們知道佈膠機的操作、加熱時間、加壓力度，也都會影響接合，就可以把缺點補上。但你說這就是眉角了嗎？膠的比例也不是固定的，也會隨著四季氣候、木頭特性調整。」

人與機器的巧妙平衡，時推時拉，借力使力，現代的技術者繼續堅持傳統的慢工出細活。

「也是因為這個工作有很多細節，我們才能活下來。」琢磨之間，本質仍在。

（文／王妃靚）

曲木

製作流程

step 1

將木片堆疊後裁切，再整理成上長下短的一疊。

step 2

把木片一張張推進已倒入膠之佈膠機的兩個滾筒之間，均勻上膠。

step 5

操作拉桿將模具逐漸聚攏至木片周遭，直到模具與木片密合，開始加溫加壓。

step 6

經過一定時間後，將曲木從機器中推出，脫模並堆置冷卻。

step 3

疊合上完膠的木片，維持下長上短，使得放進成型機後可以準確接合。

step 4

以薄鋼板墊在已上膠木片的下方，放進成型機。

step 7

依照欲製作物品的高度，使用立軸機切割已冷卻定型之曲木。

step 8

根據製作內容，使用鑽孔機、磨砂機等完成後續加工。

影響世界的 No. 14 號椅子

若是說到曲木技術能夠製成的日用產品，許多人第一個想到的大概會是一把舒適美麗的椅子，腦海中浮現了北歐設計的極簡優雅。攤開曲木家具量產的歷史，我們會發現第一個，同時也是最成功的曲木量產製品，莫過於這把長銷至今已有一百五十多年的「十四號椅」（No.14/214 chair）。在二十世紀初期就已銷售了五千萬把，這把「最多人坐過的椅子」，為家具製造打開了新的一頁，其中的關鍵，可以從生產地點改變看出端倪。

在十四號椅子推出（1859 年）前，曲木的技術已存在數百年，最初是北美原住民製造木箱的技術，然而曲木家具的生產多半是由工作室工匠個別打造出來的，而十四號椅子的出現，將生產椅子的地方從工作室變成了工業生產的工廠。

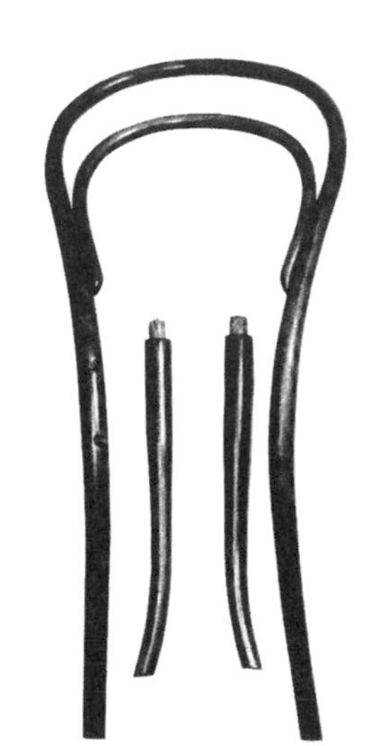

大量生產的祕密

可以從工作室轉移陣地到工廠，當然有其原因。首先，曲木的設計取代了傳統的榫卯，讓單一木料具有往不同方向延展的可能，一來讓木料使用更有效率，二來操作曲木工序比起造榫更為簡化，降低了工人的技術門檻，讓勞動力大量提升。再來，如圖所示，十四號椅子可以拆解成六個木頭元件、十支螺絲釘，與兩個螺帽，讓椅子的組裝更為簡易。最後，十四號椅採用平整包裝，一立方公尺的箱子可以放入三十六張椅子，更減少運輸、儲存時所佔的空間。

這樣的量產設計對現代人來說應該不陌生，但是其設計師索內（Michael Thonet）在當時的天才之舉，成功創造了他的椅子王國，成為現代家具大量生產的典範。

1859 年，十四號椅子推出後，因其實惠的價格受到中產階級的歡迎。1861 年索內進一步開設位於捷克的工廠，大量利用當地便宜的山毛櫸作為原料，山毛櫸質輕、強健不易裂開，非常適合曲木技術。索內一步步完成他的椅子王國，讓他的設計深入了人們的日常生活。

十四號椅子的銷量，在 1867 年的巴黎世界博覽會獲得金牌時達到空前的高峰。不久後，歐洲最時尚的咖啡館都可以看見這樣的一張椅子。後來，索內改良十四號椅子的椅背設計，推

工業化生產椅子的推手：
Michael Thonet

生於德國的索內（Michael Thonet, 1796-1871），原本是櫥櫃製造商，在他的職業生涯中不斷改良以熱蒸汽彎曲木頭的技術，並在 1859 年推出十四號椅的經典設計。索內作為一個設計改良者，他並非原創設計出這把椅子，而是貢獻改良曲木生產的技術，藉由量產設計來實現工業生產的企圖。

出坐起來更舒適的十八號椅子。羅德列克畫於 1892 年的〈紅磨坊〉（"At the Moulin Rouge"）可以看見紅磨坊內的表演藝人在觥籌交錯之間，正是坐著索內設計的十八號椅子。

十四號椅子簡約、功能性強的設計使其超越了時間的限制，曲木設計家具依然是當今市場的重要潮流而百花齊放。對一般人而言，擁有一把好的曲木椅子不再是遙不可及的夢想，這或許是十四號椅子帶給世界的寶貴禮物。

圖片來源：Henride Toulouse-Lautrec,《At The Moulin Rouge》,1892-1895

不管是從山林砍伐，或是從外國進口，木材開始加工前都需要先經過處理，將裹著樹皮的完整原木剖開切片，並依照後續加工步驟所需要的尺寸和厚度，裁切出適當大小。要長要寬，都不能少，要木板要木條，也可以事先準備好。大剖小剖師傅憑著經驗，在手起「鋸」落之前，估算好可資利用的最大面積和最仔細的切割幅度，然後用精準的眼力和手部穩定的推力，讓木材順暢成型。裁切完畢之後，還須經過四面拋光，以及影響木材穩定度甚鉅的乾燥階段，最終再依照需求加上防腐或防火工序，才能告一段落。從大小到質地，製材廠可說是掌握材料品質最重要的守門人，無論何種加工，都需要製材廠作為後盾，提供品質可信賴的木料，重要性不言而喻。

第四章 從原料到材料：製材

From raw material to ready-to-work media: timber conversion

After felling, raw logs are sent to sawmills to be converted into suitable materials. These mills, which are the source of materials for all wood-working plants, have a critical impact on the quality of the wood.

2
2

大剖師傅

材積精算師

陳春發

「你那支手機的寬度，我看大約兩吋多。桌上那冊筆記本，差不多久九吋左右。」只要說到尺寸，入行製材業將近五十年的大剖師傅陳春發，總是能毫不猶豫給出解答，如果金頭腦大賽、百萬大富翁一類的益智節目，只測驗現場來賓的目測能力，陳春發一定能夠毫無懸念，輕輕鬆鬆拿下冠軍。敏銳的眼力，正是老師傅在這行無可取代的超能力。

在製材廠裡，大剖師傅是公認最舉足輕重的角色。一株花了數十年育成，還大費周章從山上運送下來的樹木，得要靠著大剖師傅根據訂單開出的規格，目測再心算後，才能精準下刀「剖開」，讓表面不規則的原木，搖身變成有稜有角、可資利用的木料。

由於原木切割後，可資利用的板材與剩下的畸零廢料，價格差異實在太大，倘若大剖師傅下刀馬虎，不但菁華的木料會因此浪費，甚至還可能害製材廠蝕了老本——幾乎可以說，大剖師傅的良莠，從根本決定了一家製材廠的競爭力高低，不只老闆要為之煩惱，連接手裁切的小剖師傅，也都得仰仗大剖師傅將尺寸盤算好，預留未來切割損耗、乾燥收縮的空間，才能遊刃有餘地將木料切割成更精準的尺寸，如訂單所需送交客戶。

過去一名投入製材業的學徒，平均得要花上十多年，才有機會當上大剖師傅的助手，想要再晉身成為親自操刀的大剖師傅，二十年的等待往往跑不掉。一再謙稱自己沒什麼了不起的陳春發，卻只花了十年功夫，就站穩大剖師傅這個人人欣羨的位置，如今雇用他的正昌

製材廠經營者梁國興，更是天天都在擔心，哪天陳春發退休之後，沒人扛得起這份重責大任該怎麼辦。

機會與變遷，來了又走，走又來

對在竹東鎮土生土長的陳春發來說，十三歲入行那年，剛好碰上這一行最好的時光。那時候，天然資源豐富的竹東鎮，發達景象不輸當代的科學園區。員崠子油田噴出的天然氣，就近成為玻璃工業的燃料來源，使台灣外銷的聖誕燈泡、玻璃飾品躍升全球第一；橫山鄉、關西鎮開挖的石灰石，送來竹東鎮研磨、攪拌後，塑造了水泥工業的發展契機；

鹿場大山周遭的林場，則讓製材工業有了和前兩者鼎足而立的機會，加工後的木箱可以運送玻璃，板模則能供應水泥灌漿所需。與陳春發年齡相仿的親友，幾乎都恭逢了曾經號稱「台灣三大鎮」之一的竹東盛世，練就了一身技術厚底。

山林資源是竹東鎮發達的原因，卻也是讓它沒落的理由。對許多後進國家來說，開發老天爺賦予的自然資源，是追趕上先進國家最低成本的方式，然而一旦國民生活品質提升了，生態、環保意識也會跟著抬頭，一九九一年政府頒布全面禁伐原始林的禁令後，包括竹東在內，許多曾經受惠於林業發展的鄉鎮，都陸續走上蕭條之路。當製材工廠一一關門、外移後，徒有一身手藝和好眼力的陳春發，一度也曾黯然離開這一行，轉進鐵工廠裡討生活。

或許是天生註定要討這碗飯，轉業沒幾年，因為人才斷層，陳春發又被重新找回製材廠幫忙，相較於早年吃重的體力活以及臨場百出的挑戰，如今這位年歲更長的大剖師傅，工作內容反而從複雜變得單純許多。

粉筆

「我們現在幾乎只剖造林而來的杉木，一天可以剖好幾百支，不像以前什麼樹種都要剖，剖到直徑超大的巨木時，好幾天才能剖完一支，光是幫原木翻個身，都要大費周章。」陳春發回憶道：「剖到不同樹種混在一起的雜木時，還要根據木材種類更換鋸刀。你要知道，木頭軟硬程度有別，我們推送原木的力道不跟著調整不行，硬木頭如果剖得太快，鋸齒隨時都有可能斷裂。」

除了製材樹種變得更單純外，科技進步也幫了陳春發不少忙，早年送材車得要靠著人力拖運，才能將原木送到鋸刀面前剖斷，如今送材車不但改以電動取代人力，車上還多了紅外線輔助投影，讓陳春發可以預覽接下來鋸刀的剖切軌跡，提升下刀的精準程度，徹底做到「所見即所得」。

儘管有那麼多省力新方式，強健的體魄還是大剖師傅的必備條件，這是言談低調、謙虛的陳春發，極少數外洩出自豪、自傲的一刻。「弱不禁風在這裡是不行的，雖然有堆高機、吊車讓人不用出力，可總有少數步驟需要動用人手搬運，如果體力不足、身材不夠粗壯，那怎麼成？」陳春發如是說。

樂趣與用心，從未離開

工作之於陳春發這一輩的師傅，並沒有太多「夢想」或

是「實現自我」之色彩，毋寧像是一種鞠躬盡瘁。他們入行之初，往往別無選擇，純粹為了養家餬口，把它當成順便為之的謀生行當。有趣的是，拉出一段距離後，許多人反而發現，正因為一輩子都專注在同一件事情上，生命竟然已經在潛移默化中被工作給改變了。

有些老師傅退休後閒不下來，最後還是重作馮婦，再次操起當年的謀生工具；至於陳春發，則是在離開一度轉業的鐵工廠後，慢慢發覺自己對木頭的喜愛，重回製材廠之餘，他也投入了玩賞行列，甚至找了間廢棄空屋，搞出一處小小的工作室，當起一名業餘木匠來。

下班後，陳春發就會來到

第
秋田機械吊製
(03)5966046

荷重:2.8噸
安
全
安全第一

工作室，用砂紙打磨收集來的木料，再製作成杯墊、板凳一類的實用器物。他收藏的木料範圍，從碩大無朋的樹頭，到破敗老屋留下的門板，種類五花八門，它們星散在工作室不同角落，就像一塊塊貌不起眼的璞玉，等著陳春發哪天靈感一來，生命就能重新再被定義。

除了陪伴家人、帶小孫女出外玩耍的星期天，陳春發幾乎每天都會開著盈滿木頭香氣的車子，一頭窩進工作室這一隅小天地中。而今，小孫女和木頭，是這名獻身製材業近半世紀的資深師傅，人生下半場最珍貴的兩項慰藉。問起白天工作都與杉木為伍的陳春發，私下最喜歡的木頭是什麼，他

竟然會像被問及初戀女友般，支支吾吾了起來。「肖楠。」他不好意思地說：「尤其長在深山中的肖楠，香味更是無與倫比。」

深山中的肖楠不可多得，但其實隨便一塊尋常的龍眼木和相思木，都能讓陳春發遠離他口中的「不良嗜好」，平靜下自己的心靈。他寧可花費大把功夫，重複單調、枯燥的打磨動作，只為了讓木料摸起來平滑順手。當一張砂紙於陳春發手中往復來回時，人們不但可以讀到專注，還可以感受到一股對木料的責任與憐愛——忠誠，篤實，溫柔，而且堅定，就像他疼惜自己的孫女一般，散發出一股老派芬芳。

（文／陳泳翰）

製材流程

1 大剖

2 小剖

3 拋光

4 乾燥

5 防腐防火加工

大剖 操作流程

step 1

以天車吊掛或堆高機運輸，將原木搬至附近，再一根根以人力運上送材車。

step 2

根據訂單和原木個別狀況，規劃剖切範圍。

step 5

助手師傅承接切下的木料。

step 6

助手師傅使用翻鉤將木材翻面。

step 3

降下固定鉤，將原木固定妥當。

step 4

操作送材車前進，開始剖切原木。

step 7

倒退完成後，再次啟動送材車裁切。

step 8

剖開四面或者裁出木板後，即可將成材移交小剖。

實木｜合板 比一比

購買家具的時候，若有一筆寬裕的預算，或許想考慮木頭製作的家具吧？但是坊間家具的材質有這麼多的名稱，原木家具、實木家具、木心板、塑合板，哪些才符合我們的需求呢？知名國際連鎖家具品牌在網站上洋洋灑灑的標示自己的家具是採用松木實木或者密集板、塑合板等等，但百分之百的木頭材質是不是最好？如果只是在外租屋的小資族，想要有個CP值高，又可以兼具環保的家具，我們可以怎麼挑選呢？

網路上隨意打上幾個關鍵字，即有一堆文章告訴大家怎麼分辨這些由木頭延伸的木材集成品。事實上，這些從木頭出發的材料，隨著時代推移，與源頭「樹木」的關聯性已越來越遙遠。隨著各自的特性以及製法，都有其適用的地方，並不能一言以蔽之。因此，我們試圖整理出六大項選購家具時最常見的材料名稱，與樹木的關聯性由親至疏，為大家釐清這些材料的幕後祕辛。

實木拼板

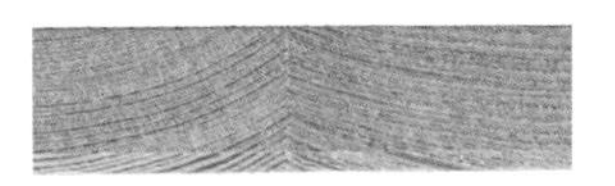

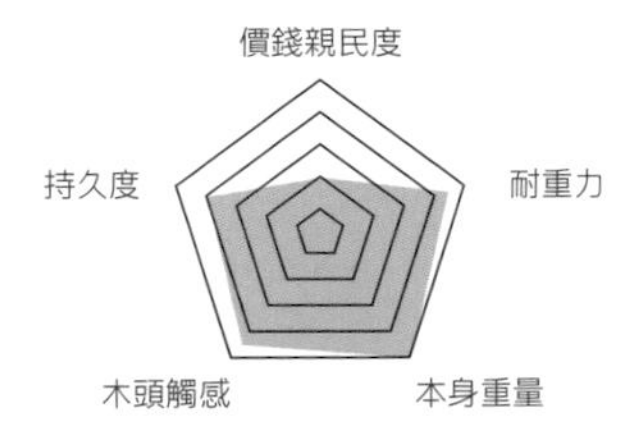

製作方式

裁切實木，再依裁切後的大小、花紋、形狀及色澤，以木材專業黏膠拼接組合。表面常不上漆，但需要時也可上漆做變化，如蘭嶼拼板舟。

觀察方法

數個長木板拼在一起的拼板，由側面看得出木頭質地，但是紋路明顯有區隔。

優缺點

是最貼近實木家具的替案。有時候木頭尺寸並不能夠符合訂單所需，但是在希望儘量使用實木的前提下，可以考慮用拼接的方式。因製作時不需擔心尺寸問題，所以拼板的利用率較高，符合原材料生態利用的原則。常用於餐桌等尺寸較大的家具。

一般為保持原初質感，表面不會加工，因此保存上也得格外費心。且材料依舊使用實木，價格尚屬昂貴，也因此少有加工廠有穩定貨量。

實木

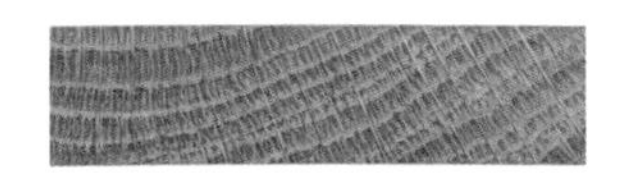

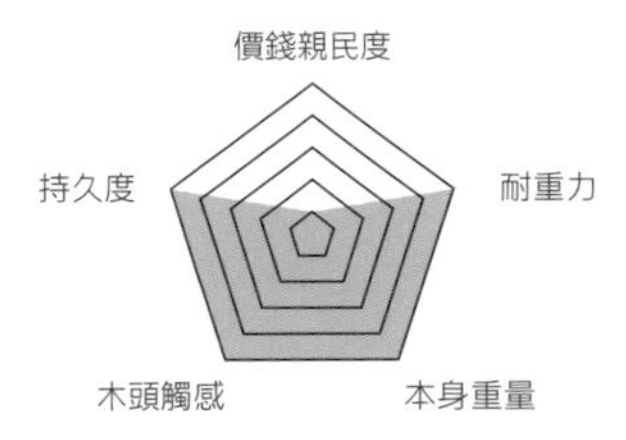

製作方式

直接把樹材剖片取下，裁切加工定型成各式家具，沒有添加其他木種拼板或膠合物黏著。

觀察方法

整片切割自同一棵樹木的實木，從側面可以看出紋路是左右延續的。

優缺點

為了不破壞質感，一般只會上薄薄一層木蠟油，保持木頭的毛孔呼吸暢通，能夠觸摸每一塊木頭獨一無二的紋路與美。

大面積的木材較難取得，因此數量稀少，價格也比較昂貴，一般常用於餐桌等尺寸較大的家具。

實木製作的家具只要保養得宜都可以持續使用數十甚至上百年，但因為木頭會熱脹冷縮，台灣氣候又較為潮濕，因此保存上得格外費心。如木頭桌面上不能有水漬，也不能放在太陽底下曝曬以免變形裂開。

木芯板

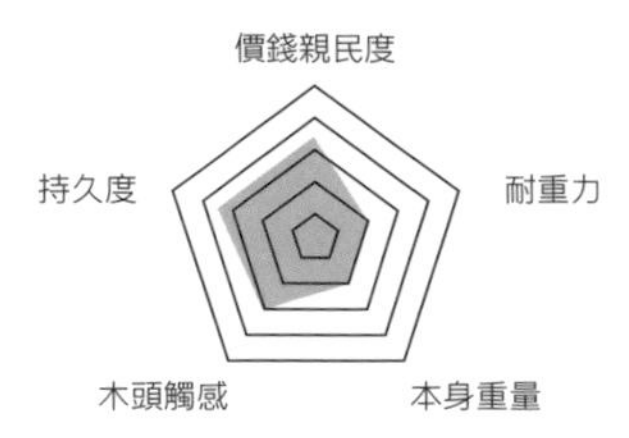

製作方式

木芯板總共有三層，中心是由較零碎的小塊木條組成，外層會以較美觀的木皮或是塑膠皮料覆蓋。

觀察方法

由木塊組成，上下夾以木板固定的木芯板，可明顯看出木板下一塊塊木頭的切面。

優缺點

因內部材料為厚實的木塊，廣泛運用在裝潢隔間的接合面：如隔間轉角及支撐點等等；也因為表面較為強韌，適合打釘也不用擔心損壞結構，故成為室內裝修的主要材料之一。

但需注意甲醛等化學物質的含量，以及甲醛、甲苯過量的刺鼻味。

合板

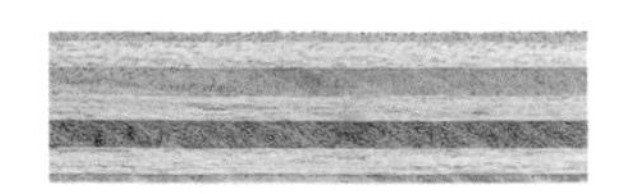

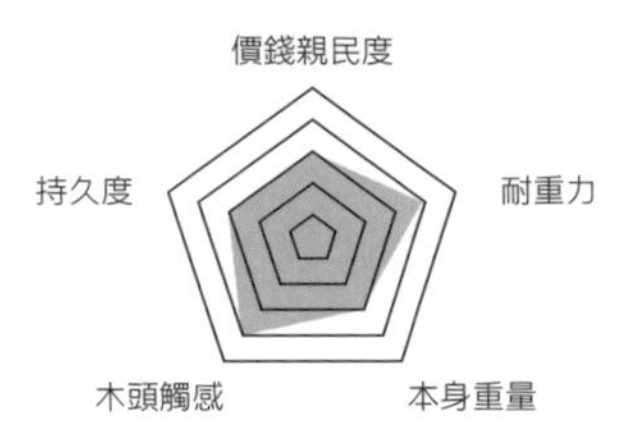

製作方式

由單數層約 1 到 2mm 的薄木板組成，分別為面板、心板和裡板，上膠後堆疊壓製，表層另貼上用以美化或加強功能的木片。

觀察方法

由一片片木板相疊，以木頭黏著劑黏緊，側面會有層疊分明的切面。

優缺點

因為是以數層木薄片壓製而成，表面面積較大，承重力較佳，在一般裝潢建材中常被廣泛使用，是室內裝修工程愛用的隔間材料。木板材質較堅固、有彈性，不易扭曲變形，且以螺絲鑽透後也不會掉粉屑，較為優質的系統家具和DIY家具也常使用此類材質。

但也因為不同木材的膨脹收縮狀況不同，需注意表面的木片層如果泡到水或淋濕，容易翻起、剝落。

密集板

甘蔗板、中／高密度密集板（纖維板）

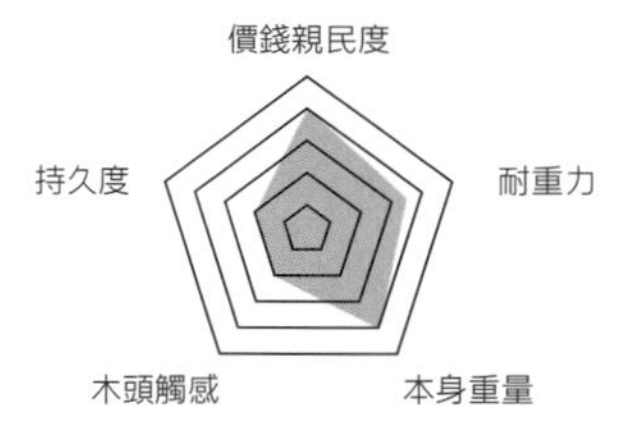

製作方式

使用比粒片板更細緻的木屑加膠之後高溫壓製而成，中密度（MDF）以及高密度（HDF）密集板差別在於裡面的木屑密度。

觀察方法

和粒片板最大的不同在於組成份子的顆粒較細碎，由側面可看出幾乎看不出顆粒，木屑與黏著劑混合之後壓實，表面再加工包覆。

優缺點

因為由顆粒較細的木屑加工而成，因此密度均勻，表面不易凹凸不平，適合作表面材、烤漆加工。極易切割，使用彈性範圍較大。製作成的家具多具有可拆、易組裝、低價，可以大量製造的特質，因此深獲目前家具消費市場所喜愛。

但較不耐潮，遇水會膨脹，在潮濕的氣候或是過熱的環境下容易扭曲變形。和粒片板相同，且組織一經破壞，使用性會下降。

粒片板

美芯板、系統板、塑合板

價錢親民度
耐重力
本身重量
木頭觸感
持久度

製作方式

打碎的粒狀木材加防蟲、防水劑，以固定比例與樹脂混合，經由機器高溫高壓壓製。表面再熱壓貼合美耐皿液之高纖工業紙。

觀察方法

由側面可以看出由打碎後顆粒較大的木屑組成，上下再夾以美耐板固定。

優缺點

易於切割、施工方便，可以做出各種造型，符合現代家具大量生產、快速製作的成本概念，因此常使用在系統家具上，主要應用在家具製造、裝潢隔間、天花板等部分。

但遇水會膨脹，在廚房、浴室等地使用時需加強防水功能。

較無法耐重，不建議用於需荷重的家具（如書架、櫥櫃等），也不建議用於剛落成、溼氣較重的新屋。且組織一經破壞，使用性會下降，例如一個洞鎖第二次較不牢固。

第二部 展現未來的產品：創新思維

Coming up with future products: Innovative thinking

Captivating products created by marrying new wave design to classic craftsmanship might just be the stimulus needed to bring about the next breakthrough in Taiwan's wood working industry. Taiwan's designers and manufacturers are joining forces to lead the industry down a new path beyond contract manufacturing

翻開台灣外銷史的一頁，我們能聽見自工廠誕生的木質器具，一一道出遠渡重洋的輝煌。當時間的光影在台灣加工廠中輕步推移，各處廠房曾無比活躍的脈動，漸漸緩了下來。師傅們的手藝，像是仍暖著、候著的爐火，等待新柴投入，重燃花火。

而今，台灣也的確開啟了新頁。當島上生活不必、也不再只求溫飽，人們開始探求生活的品質與風格，益發企望於日常中尋回木器的溫潤與樸實；而在人們美感提升的同時，台灣的工藝與設計界更是人才輩出，這份軟實力也加速了台灣大步走向未來的步伐。

因此，接下來，我們想邀請你，一起看看關於未來的可能。這是台灣新銳品牌與木器加工廠相會的六則故事。在他們探索潛能、開創新局的道路上，想讓你看見的，不只是產品形貌、設計巧思，更有設計者如何克服考驗、親近製程、接軌工廠量產實力並攜手升級的實務蹤跡。且這每一條前行的路徑，各有巧妙不同，交織出可供多元參照的立體樣貌。

當設計思考與職人精神並肩興起，既往的代工思維退位，我們誠摯盼望，這些品牌無私分享的每次溝通、每種體悟，都能化為今後設計與製造兩端更密切協作的助力，共同活化、強化、深化台灣木質產品的工藝品質與品牌魅力。

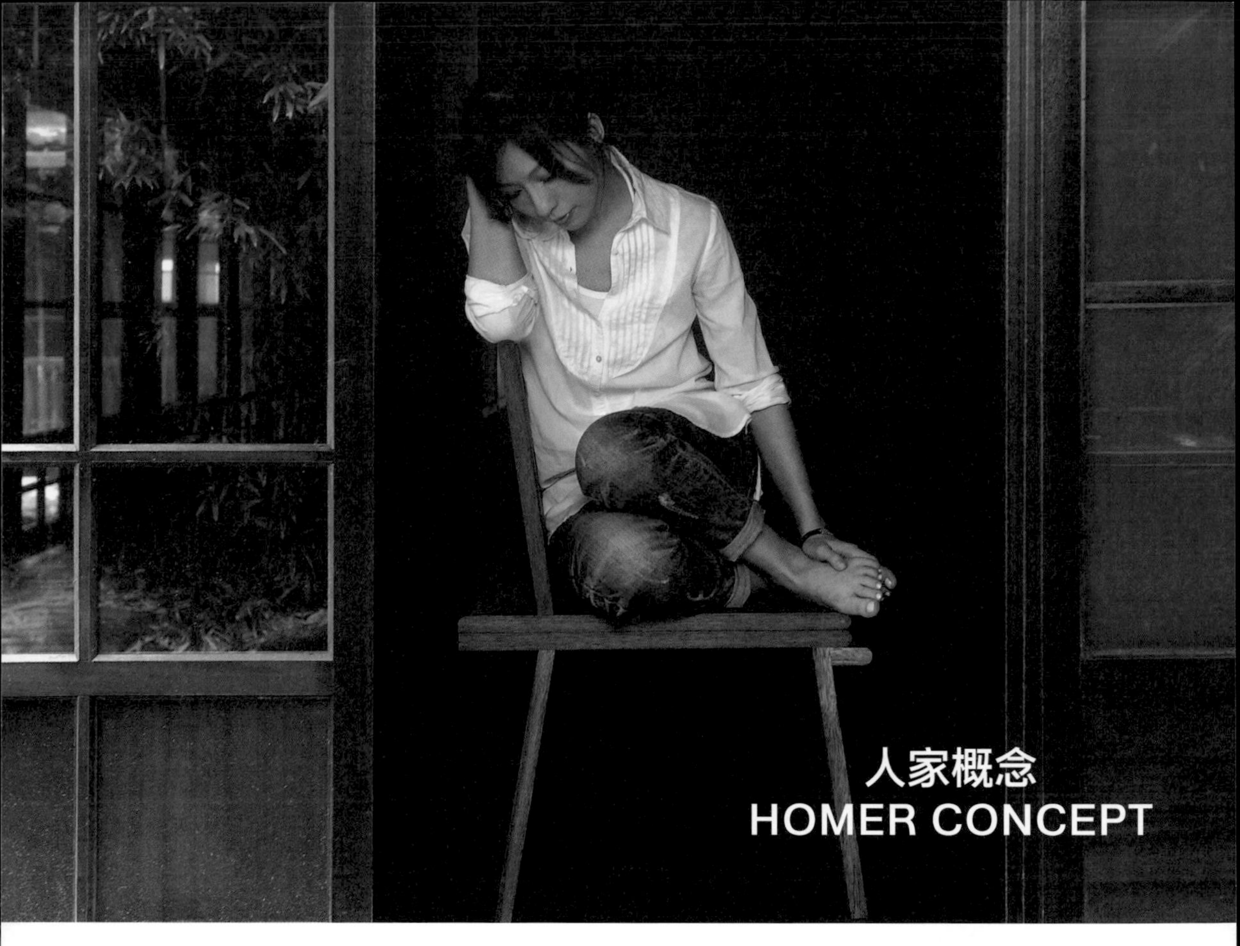

人家概念
HOMER CONCEPT

設計師 張修明

產品簡介
客觀主義系列 series Objectivism 板凳椅 Benches Chair (HC11BC)
技法 榫卯
尺寸
單張板凳：長 110 x 寬 20 x 高 40cm 靠背椅：座面高 42.5cm，座面深 45 cm，總長 57.5 cm，總高 80 cm，總寬 40 cm
材質
常用木種：白柚、烏心木 五金零件：螺絲、磁鐵、鋁棒

樣式簡單的單人椅，一眨眼便化為四到六人座的兩張板凳，可獨享，同樂更佳；能隨空間使用需求而變化形體的板凳椅，正滿足了現代人「少即是多」的追求。無論開展或摺疊，聚合或分拆，同樣坐得安穩自在。這是因為，從板材厚度、椅背角度，到座面高度、深度與寬度，每個細節皆環環相扣，兼具力學結構的強度與人體工學的舒適。榫卯技法一向以穩固牢靠為強項，在張修明的縝密設計下，更多了收放自如的彈性。

「木材是活的。」張修明肯定可自然生成、腐壞的木材，是人類倚重已久的環保材料。為維持木材原有活性，不作化學塗佈，只上護木油或生漆；但木材因溫濕度而翹曲變形的特性也隨之

更具挑戰。「除非像國外大廠有自己的造林，可自行控制自然乾燥時間與存量；這其實是木製家具業的根本。」再加上，一組兩件的設計是透過磁鐵吸力結合，又需因應摺疊開展的變化，所以磁鐵吸力的強弱，以及板材的穩定、精準度與裕度，都須達到極精準的要求。在經過數十次試驗、修改與打樣後，才克服上述考驗，理想設計正式成形登場。

偏好精緻工藝品質的設計者有時困於資本短缺，與技術者合作時，若面對產業需要龐大產量與資本來維繫原料、製程、倉儲與通路等一路運作的現實，彼此磨合在所難免。那麼，雙方共存共榮之道可向何處尋？對此，張修明流露出與有所堅持的工匠精神擦出火花的神往，並以丹麥工藝家具品牌 PP Møbler 與當代家具設計大師韋格納（Hans J. Wegner）的合作佳話為例，期待彼此展現出尊重專業分工的態度，無論設計與製作皆盡本分充分要求品質；若能如此攜手提升產品工藝價值，台灣出現具國際水準的品牌亦指日可待。（圖／人家概念 提供）

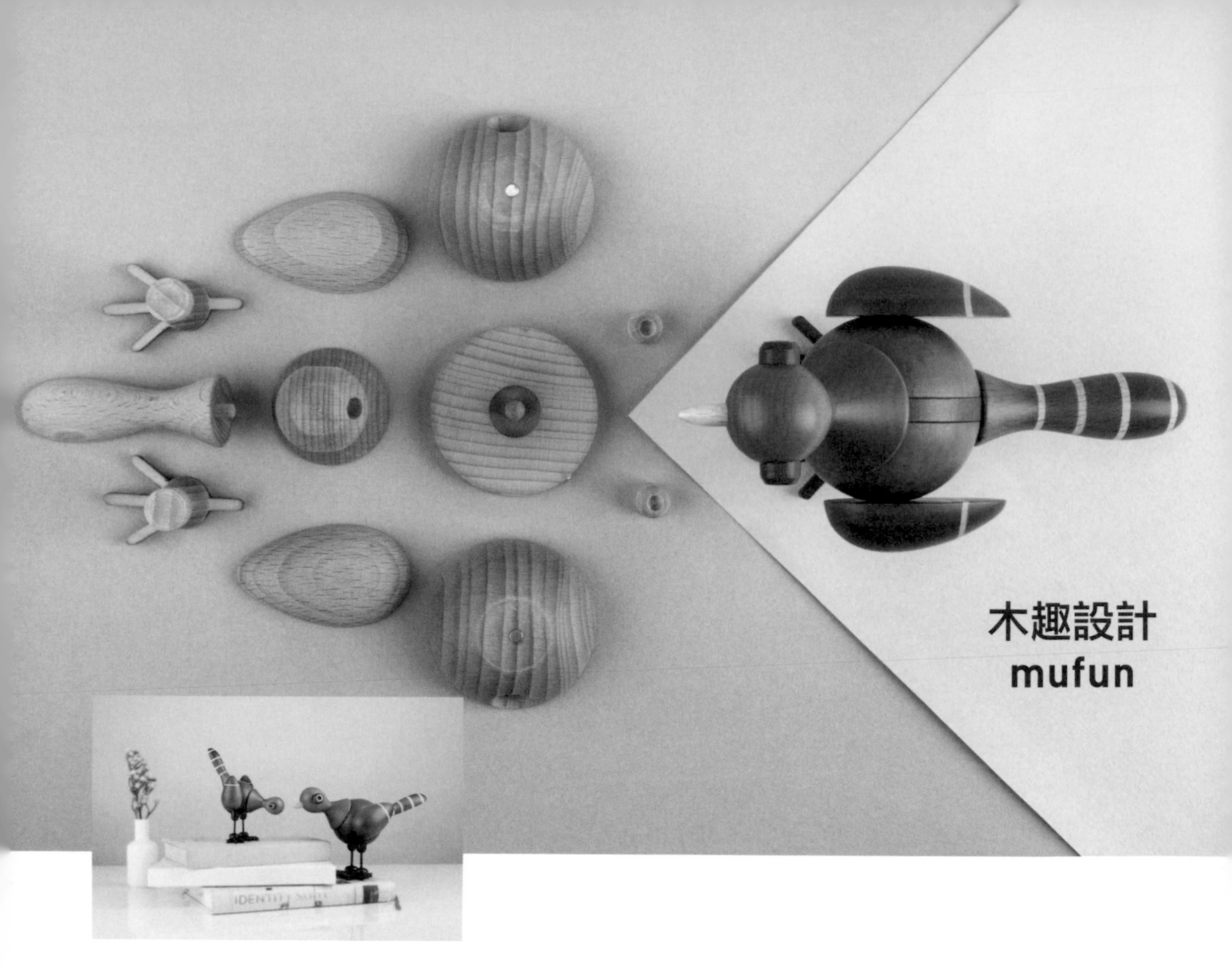

木趣設計
mufun

總監 沈士傑

產品簡介
木質「帝雉公仔」
技法 車床、染色
尺寸
單張板凳：長 15 x 寬 7.5 x 高 12 cm
材質
歐洲山毛櫸木、黃銅、磁鐵

受到北歐木工藝設計的啟發，木趣設計憑著對車床工藝與動物公仔的熱愛，從二〇〇五年開始孕育出一隻隻圓潤靈巧、饒富台灣特色的動物公仔，運用圓潤的車床加工技法及細心研磨上色，握在手中，盡是溫潤觸感。「帝雉公仔」更率先大幅變身，公仔主體經過重新分割、解構，運用車床的同軸曲線加工特性，開發創新的球型同軸機構，將各部位的轉軸連成一線，創造簡潔、豐富的可動關節，展現前所未見的風姿。

公仔的零組件幾乎都由車床製成，球形物件的鑽孔看似簡單，卻極需精密度。沈士傑說明，台灣車床加工產業可分為：迷你物件、中型物件、抽圓棒、大型純手工、仿削、CNC 等六種。

除了純手工車製較不受數量限制外，其餘均有下單量門檻。因動物公仔的生產難度高、下單數量不大，起初帶著樣品尋找合作工廠時屢遭婉拒；直到遇見理念契合的「玩偶的家」，才確立雙方共同合作的系列化發展。

沈士傑提到，台灣的小型設計品牌日益需要「特殊風格化」、「少量多樣化」的靈活發展策略，這與量產商的期待往往背道而馳；雙方需有更多密切交流，以成長互惠的合作方式，規劃長遠發展，發展MIT的木製商品。從自身經驗出發，他建議，設計開發時除了繪圖模擬外，若能親手製作草模，有助於盡早發現結構、製程上的問題；而準備量產請工廠報價時應虛心求教。「畢竟一件產品的開始，初期無法帶給業者多大的訂單與獲利。」製造商大多是站在幫忙的角度協助少量生產。相對地，希望製造商能給予設計者更多包容、溝通和機會，協助初期下單量不大的品牌實踐理想，一同克服困難，相信彼此都能從中獲得寶貴的成長經驗。（圖／木趣設計 提供）

柒木設計
KIMU

設計師 林宜賢

產品簡介
小木偶花器 PINOCCHIO VASE
技法 車床
尺寸
no.1（矮胖款）：直徑 7.2 x 高 14.5cm
no.3（高瘦款）：直徑 6.4 x 高 18.0cm
材質
木球：梣木（ash），鋁
木瓶：山毛櫸（beech），鋁

無論繁盛群放或寧靜獨舞，圓球造型都能充分烘托花草姿態；以小木偶皮諾丘「PINOCCHIO」為名，蘊含「occhio」在義大利文中意為「眼睛」的巧思，這組可隨意轉動、自由擺放的花器，就像樂於探見世界新貌的好奇之眼。整體質樸色調中，木球與瓶身分別選用紋路較明顯的梣木與較不明顯的櫸木，以木紋的細膩變化，豐富視覺層次。

小木偶並非柒木設計第一件木器設計，先前產品採用拼接木材，但因時有紋路不相對或陰陽色等問題，而在表面細緻度的要求上深感挫折。有鑑於此，柒木設計決定小木偶改採整塊實木，進行手工車床、鑽孔，呈現出紋理自然而富有手

感的質地與樣貌。開發期間雖曾因木材隨濕度脹縮的特性而出現裂痕，但施作表面上蠟後問題便獲解決，且更具防潑水之效。此外，不僅瓶內黏有鋁罐，考量到花莖也可能出水，連木球孔洞中都黏有鋁管以保持乾燥；關於這點，因兩種異材質部件有公差，也在黏合上費足心力。。

設計專業出身的林宜賢，每每從木器製程中得到新的領會。先前經驗讓她捨拼木而用實木；這一回，她又認識到原來木材有最經濟的寬度尺寸，為了和售價相對應，最終決定擱下原先的設計，不做第三種超胖版本。林宜賢的心得是，「不妨在設計前先了解木材加工製程，或是願意讓設計因製程而有所妥協跟更改。」

設計者難以盡悉加工廠的作業細節，因此很多製造端認為理所當然的狀況，都可能引來設計者的訝然不解：為什麼R角這麼大？為什麼會陰陽色？「其實工廠師傅都很好，有時會顯得不耐煩，只是因為設計師跟工廠的語言不同。」她也期盼，加工廠即使在面對覺得理所當然的部分，仍能多些耐心向設計者逐一解釋。（圖／柒木設計提供）

壹一
YIH WOOD STUDIO

懸浮空中的四色曲木，一如隨光影自在流動、輕輕蕩漾開來的彩色漣漪，給人流線、柔軟又繽紛的感受。Ripple Chair 打破了木頭堅硬沈重、色調單一的既定印象，但又保有自然木質的紋路與溫潤。

椅背的複合曲度是首道技術難關，開發時反覆修正四片曲木的曲度與斜度組合，光是打樣就做了八個版本。不作橫撐的椅腳，則由車床加工賦予圓潤造型，而要在圓形與具複合斜度的椅腳上施作榫卯結構，也是考驗之一。林怡萱在製程上下足功夫，因應四種木材的不同收縮率，找出曲木加工成功率最高的紋路走向與薄片厚度，並研究出可縮短工序、適合量產的榫卯工法。

設計師 林怡萱

產品簡介
曲椅 Ripple Chair

技法 曲木、榫卯、車床

尺寸
長 55 x 寬 56 x 高 73 cm

材質
楓木（maple）、白橡（oak）、櫻桃（cherry）、胡桃（walnut）、牛皮植鞣（vegetable tanned leather）

開發期間，林怡萱試過各種材料與零件，費時找尋相契合的店家與工廠，作了大量型板與模具，累積許多開發成本，但回頭來看，她慶幸自己未中途妥協，終使結構更簡潔俐落，也更具備符合人體曲線的舒適度。林怡萱強調，「面對合作對象，就算只購買或訂製一項零件，也要耐心地讓對方了解自己期望的成品樣貌及品質標準。」若能因此取得加工廠的信任，使雙方都懷著共同解決問題的開放溝通心態，勇於嘗試各種可能，便可期望發揮「一加一大於二」的成效。

台灣木材加工業的人才斷層，在家庭式經營的小型加工廠中特別明顯。當大型加工廠紛紛轉型為自動化、或推出自有品牌，小型工廠的經營者則容易作出退休後便收起來的選擇。林怡萱對此深感可惜，「產業內需要大型工廠，也需要各有專長的小型加工廠。」她認為，木材上下游加工產業的資訊若能更透明化、或更有組織地向外推廣，應能使小型工廠增加曝光度，且有效掌握當前市場需求，甚至有助於設計者或公司順利覓得合作對象。（圖／壹一 提供）

路力家器具
Lo Lat furniture & objects

照片攝影：鄭鼎

設計師 陳奕夫

產品簡介

Y 系列 Y Series

Y2 凳 Y2 stool

迷你凳、經典款與吧台凳（mini, classic and bar stool）

技法

實木薄片曲木（ Plywood ）、CNC

尺寸

迷你凳（mini）：直徑 28 x 高 26 cm

經典款（classic）：直徑 30 x 高 43 cm

吧台凳（bar stool）：直徑 35 x 高 65/ 70/ 75 cm

材質

楓木（maple）、胡桃（walnut）

造型延伸性極高的曲木工法，賦予Y系列一貫的優雅形貌。其靈感源自台灣早期竹製家具：一一束起的竹條往不同方向開展，又彼此交會形成框架。相較於曲木多用於椅背與座面部分，Y2極輕矮凳則由三片曲木，構成椅面上大方的Y字樣式；大膽採用僅有三支落地椅腳的設計，對內部結構更是一大挑戰，經過一再修改與等比試作後，終於成功保有簡潔輕巧的造型。

具備基本木工技能的陳奕夫，從自行試做曲木開始，屢屢失敗、卻愈挫愈勇，終而慢慢熟悉施作時間與工序，並找出適用又中意的木種。如今，部分Y系列的曲木零件交由專業工廠，以實木切片、再膠合加壓的曲木工法製作。每道工序

仍採手工，從備料時即確保每一實木薄片皆來自同一塊木料，如此一來，集成、壓製後便能回復經裁切前原本的色澤與連續的紋路，看起來自然舒服。陳奕夫謙稱，「很多時候我們只是把這類理所當然的細節找回來而已。」

任何合作關係中，建立良好溝通自是關鍵，與工廠共事尤其要獲取老師傅的信任。傳統木器廠大多無法開3D圖，即便能照圖做，有些細節仍不免被省略；這對在乎精準度的設計師來說，往往無法接受。對此，陳奕夫分享他摸索出的溝通方式：備妥一比一的輸出圖面，並攜帶自行做好的樣品；「當師傅知道你會做，你是跟他一樣的，溝通就變得容易許多。」

陳奕夫指出，家具產業需要大筆資金的投注，或也因此，使得想做的人難有規模，有規模的人難有新氣象，進而導致台灣品牌發展緩慢。除了期盼雙方耐心傾聽彼此需求，對於願給予年輕人機會的工廠，他更表達誠摯感謝，若工廠願提供第一次下單可少量製作的機會，將大大減輕品牌起頭的運轉壓力。（圖／路力家器具 提供）

樂樂木
Lo-Lo Wood

設計師 劉孟宜

產品簡介
關子嶺火山木盤 Guanziling Volcano Wooden tray
技法 車床（跳台車 / 車 bowl），線鋸（釣釣噹）
尺寸
盤面直徑 30 cm，火山口直徑 8cm，盤高 2cm
材質
斯巴地木（S.P.T），陶瓷小碟（ceramics）

初見這只木盤，目光總落在凸起如火山口的中央開口，直徑約八公分，無論大小碟都可安穩嵌放。盤面大小正好方便端著走動，此時中央開口成了輕鬆握取、固定的施力處。盛滿輕食零嘴，火山口上再放只沾醬碟，便是休閒時光的良伴。

木盤以台灣在地火山關仔嶺為名，反映出劉孟宜對鄉土文化的關愛。生長於台中豐原的她，深受當地木器加工文化的滋養。而這款手感豐潤、造型特殊的火山木盤，也融會了跳台（別稱「車 bowl」）與線鋸（別稱「釣釣噹」）這兩項中部傳統加工技法。跳台師傅先車出盤身概貌，再由線鋸師傅在盤身中央鋸切出開口，之後繼續由跳台師傅車製曲度。因製程較複雜，需兩位師

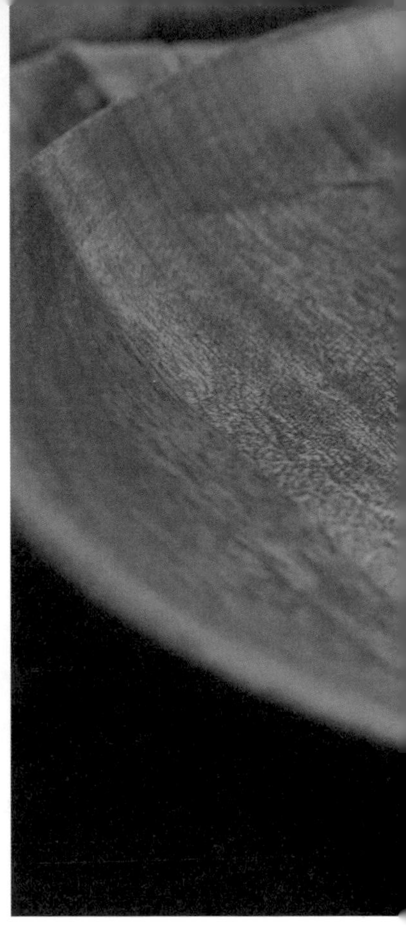

傳相互配合，打樣之初也曾為尺寸不一所苦；但師傅們畢竟經驗老到，孰悉製程後便維持良好品質。

有時設計師天馬行空的設計，一旦面對木工職人就被批得很慘。「比如設計產品時板厚度為三十公分，得用一寸半的厚度板製作，卻得浪費半寸的木料；或是設計產品時板厚度只有五公釐，師傅就會數落實木這麼薄，會變形得非常嚴重。」這或許與設計師一般慣以塑膠、金屬的厚度來思考有關。劉孟宜認為，「產品不會一蹴即成，都會經歷許多次的更改爾後成熟。」設計師應找到和職人相通的頻率，避免陷入自我單向的設計視野，要真正與師傅溝通。

談到如何找到理想的合作團隊，劉孟宜建議，木器加工廠通常會認識其他加工技法的廠商，不妨善用這種網絡，以產品的重點技法為起點，先找出適合的加工廠，再發包給該工廠去協尋其他部分的製作廠商。如此一來，既可免除多頭聯繫的重工，工廠之間也能協調出理想的工序排程，甚至可解決產品細部的問題。（圖／樂樂木 提供）

附錄一、詮釋與文獻——木材加工與木器的歷史

回顧歷史，木材可說是人們最好入手、最易改造、用途最廣的材料，
舉凡捕獵、戰爭、貿易、交通、儲藏……木器都是無可取代的要角。

了解台灣木職人的故事之後，
我們也從大量文獻中精選了五則片段，想再讓你看看，
木材如何為人類各方面的文明與文化發展，打下堅實的基礎。

◎以下摘文標題皆由編者依主題另行標示。
◎為求精彩扼要，以〔……〕省略部分段落或內文。

摘文一——源遠流長的「木器時代」

Wood: A History., Joachim Radkau., Translated by Patrick Camiller.
Massachusetts: Polity Press, 2012.
"The Wood Age," Do materials make history?

1-1〈木器時代〉，「材料真的造就了歷史嗎？」

木頭是一種很特別的材料，自遠古以來，人類便透過木工來發展手工技術，人類與木頭的關係之密切，簡直可說是人類天性的展現。木材加工是人體發展史與手工藝歷史的基本元素。

自一九九四年起，在德國下薩克森州（Lower Saxony）舍寧根（Schöningen）的褐煤礦坑，陸續發現八支可追溯至四十萬年前的木製長矛，是目前全球已知最古老的木製工具。［……］哈特穆特．蒂姆（Hartmut Thieme）對舍寧根長矛如此分析：「這些符合彈道學平衡的武器出自精良的技術，這表示使用這類工具的傳統十分悠久。」而最令人振奮的結論就屬人類早有能力進行大規模狩獵，比先前所推論的時間還要早上數十萬年（Thieme 2007: 85）。自一九七三年起，保羅．S．馬丁（Paul S. Martin）的「更新世過度捕殺」（Pleistocene overkill）假說已引起廣大討論，根據這套理論，距今約一萬年前，除了特定品種的美洲野牛之外，北美洲的大型獵物在數世紀內，全遭到侵略的人類獵殺殆盡。考古學證據確實顯示，人類的出現和大型物種的消失之間有驚人的重疊，然而這項假說的問題在於：人們實在難以想像，早期人類是如何發展出成熟的技術，並且進行如此大規模的大型物種狩獵？但如果我們假設先進的木工技術早就存在於時間長河之中，而且早已應用於狩獵武器，那麼問題便迎刃而解；兩種現象間的連結出現了。

一九九一年，有五千三百年歷史的冰人奧茨（Ötzi）在奧地利阿爾卑斯山區的奧茲塔爾（Ötztal）被發現，隨之出土的古物至少有十七種不同的木製品，每一種都有特殊用途（Spindler 1994: 232–8）。［……］冰人奧茨成為眾人目光焦點，在德國薩克森自由邦（Saxony）一帶和萊茵蘭（Rhineland）埃爾克倫茨鎮（Erkelenzin）附近的露天礦坑，挖出由橡木構件組成的水井卻乏人關注，但根據樹木年代學，這些木頭已有七千年以上的歷史。上述種種意外的發現，徹底推翻我們對史前中歐住民的想像，不過最令人嘆為觀止的古物，還是讓專家大感詫異的木製指甲，考古學家蘇珊．弗里德里希（Susanne Friedrich）對此表示：「看過這些東西後，我覺得凡事都有可能！」這令人不禁好奇，所謂的「石器時代」是否終有一天會被證實是高度發展的「木器時代」！

由於相較於石器或金屬物品，木製工具鮮少流傳至今，以至於我們長期以來低估木材為人類歷史奠下的基礎。從舊石器時代起直到現代，人類整個工藝文化都建立於木頭之上。人類與木頭的互動向來密切：木材在人的雙手、肌肉系統和創造力上留下印記，而木製器具則承載著讓自身成形的手工痕跡。

工業時代早期的木製機械無論是以多麼標準化的方法製成，遲早都會因使用者的個人特色而出現差異，這也是為何這類工人比操作金屬機械的工人更不易被替換；木製機器時常需要調整，而且工人必須自行負責修繕。［……］

木頭也在商業界建構出獨有的世界。購買木材是信任的表現，因為許多瑕疵無法從樹木外觀察覺。歷史學家史丹利．霍恩就曾指出，在木材還是熱門科學研究目標的時代，「木材分級需要經過大量的人工判斷。」（Stanley Horn，1943: 219）這種說法可不是空穴來風，基於這項原因，木材賣家與買家之間通常會發展出長期情誼。

［……］在木頭的世界中，我們頻頻發現一種特殊的人類領域，看似緊緊封閉，卻張力十足。今日，當具環保意識的大眾開始注意起非法盜伐和濫砍森林的問題，許多木材公司卻宣稱不知自家產品從何而來（例如，請見 ‘Gegen illegales Holz’，WWF-Magazin，July 2009）。也許多數企業真的對此一無所知：這就是哲學家尤爾根．哈伯馬斯（Jürgen Habermas）所謂「新的模糊地帶」（the new obscurity）。［廖亭雲譯］

摘文二——樹枝新發明：矛、弓與輪軸

《樹的智慧》（The Wisdom of Trees），麥克斯・亞當斯（Max Adams）著，林金源譯。台北：木馬文化，二〇一五。頁一二〇——一二四。

〈創新〉

人類所有功課都是藉由觀察來學習，此後開始舉一反三。人類學會將鋒利的邊緣抵在原木切口上，再用槌子猛然敲擊。劈開原木來觀察木材的紋理是一項重大的智力進展，人類祖先在不知不覺中藉由破壞事物、並預測其基本特性，跨出了探索事物與測試材料的第一步，同時促成冶金術、化學與建築學的發展，一直到第一部機器的出現。［……］

樹枝是個好用的東西。黑猩猩利用樹枝捕捉螞蟻，烏鴉也有運用樹枝的妙方，但除了人類以外，沒有動物會用樹枝挖掘可食用的根莖，這個創舉讓人類在自然界的生存競賽中遙遙領先。我們無法得知「漂樹枝遊戲」是何時開始發明的，但肯定是早期文明的一大樂事。然而，樹枝依舊是樹枝，百萬年來，人類利用樹枝創造各種改良物，體現了文明進程中的發明天賦。

［……］上述經驗不禁讓我思考人類學習利用自然的重大祕密，那就是：能量可以被重新利用，由一種形式轉換成另一種形式，例如橫向運動變成旋轉運動、旋轉運動再變成往復運動。在鐵器時代，這些力學原理逐步展現，提醒每個具創意的好奇人類發現樹枝內所蘊含的潛力，並伴隨著愉快的驚呼聲「啊哈！」，將這些潛力釋放出來。

找一根樹枝，用某個比樹枝更堅硬的東西（如破裂的石頭邊緣）把樹枝削尖，結果樹枝就有了許多用途，如釘住物體、懸掛東西或是捕魚（經大量練習之後）。找一根夠長的樹枝，將它弄直（新砍的樹枝內含水分，在火上烘烤可以有效地利用蒸氣將之彎曲或取直塑形），之後就能從較遠的距離外撂倒鹿、兔子或鳥，第一種長距離武器就是這樣問世的。樹枝也能當作槓桿來移動光憑肩膀之力無法推動的大型物體，而且每個人都知道，沒有樹枝的樹幹相當容易滾動——直到撞到另一株樹。樹木也許無法自行移動，但我們（或大象和海狸）卻能移動它們、改變世界的景觀。

［……］

或許事情正是這麼發生的。樹木易於彎曲，尤其是幼樹，某些樹種比其他樹種更容易彎曲。年幼的白臘樹或花楸樹不僅可以被彎折到地面，放開後還能恢復直

立，這種抗風的策略，是由抗張強度和細胞堆疊連接的方式所發揮的功能之一。多數樹木在生長時會些微地螺旋扭轉，就像傳統的止咳糖那樣，不但可以增加強度，也較不易斷裂。如果你拉彎一株幼樹後突然鬆手，它會迅速回彈（正好擋在路上的人可有得受了），而投石機無疑是觀察到這種現象後的簡單延伸。林中幼樹的彈性啟發了人類利用它們捕捉小動物的點子，這類陷阱遠在數千年前就被發明。弓和箭很可能就是以彈簧陷阱為原型的應用。

有了箭這種好東西，獵人可以偷偷靠近獵物發動攻擊，而不會遭受獵物的反擊。製作出能不偏不倚飛行的箭桿，比起敲碎燧石做成箭頭更需要時間和技巧，而考量弓的其他用途就更有趣了。弓可以釋放出儲存在獵人手臂的能量（勢能），先將它轉換成弓的拉伸彈性，然後一舉釋出，其實這種堪稱便利的發明算不上精巧的設計，因為與擲矛的原理相去不遠。我個人以為，弓發明者的聰明程度，遠比不上突發奇想將鬆垮的繩子繫在弓的兩端，再將繩子繞在一根樹枝或一枝箭上的人。接著，輪子的發明也變得可能——或說勢在必行——因為輪軸已經誕生了，這是人類創造潛能的大躍進。［……］

我確信最早的輪軸必定被運用於「生火」這件事。用雙手搓轉樹枝所產生的摩擦力會讓手發燙並起水泡，或許得嘗試二十次才能成功生起一次火。這是一種效能不彰的旋轉運動，因為搓轉樹枝所產生的能量會消散於雙手之中，而且受制於非常有限的往復動作——前後移動距離十分短。然而，弓的引進可以大幅增加樹枝得到的能量：將弓繩繞在樹枝上，讓弓繩轉動樹枝，接著將樹枝頂端套在凹陷的石頭或木杯裡，用一雙手握住，而樹枝的另一端則放在比樹枝還軟的一片木材上，以鋸東西的動作前後拉弓，你會發現弓繩轉動樹枝的速率遠快於用雙手搓轉的速率。這仍然是一種往復運動，但效果截然不同！很快的，這片柔軟的木材——工程師稱之為軸承——會接收到大部分的能量並產生抗力，發熱後冒煙……最後成功起火。

摘文三——森林、木船、海軍與歐洲帝國

Wood: Craft, Culture, History., Harvey Green. New York: Penguin Books, 2006.
Chapter 4 "The Empire of Wood" p.137-139, 153-155, 159, 188
第四章「木之帝國」

〔……〕二十世紀前，木材始終在全世界的帝國歷史中扮演關鍵角色。在陸地上，士兵徒步前往異地征戰，但軍備可是放在有輪子的馬車和推車上運送至一處又一處，而這些運輸工具的主體都是以木材打造，有些武器如投石機也主要是以木頭組成，士兵手中的十字弓、長弓和長柄槍亦然。〔……〕木造船艦則延長了軍隊的海上航行距離，更讓帝國版圖從鄰近地區擴張至全球；海軍造就了帝國，而木材造就了海軍。

有些國家擁有航海和造船專家，也不乏橡木、松木和冷杉林，可謂充分具備成為世界政治強權的條件。

一旦投入搶奪異國土地與自然資源的全球競賽，造船木材的需求量終究會超越國內的供給量，通常帝國勢力會偏好選用原生樹種，而非從外國進口，但木材產出數字卻不如人意。道理其實很簡單：一棵完全成熟且可用於造船的橡木需要一百五十到兩百年才能長成，冷杉和松木雖然生長時間較短（一百年），但就多種航海用途而言，這兩種木材皆非首選。打造大型商船或戰艦需要大量木材，一艘一千噸的船艦約消耗一千五百至兩千棵樹，有時會多達四千棵，儘管出海的船艇多數規模較小，也不如上述龐然大物般耗費木材，對森林的需求還是相當可觀。海軍勢力與商業版圖的擴張，最終催生出木材的國際貿易，不僅為了打造船艦，也為了住宅和燃料等其他用途。

〔……〕

在十五世紀，帝國強權和企圖建立大國者的森林版圖，就是決定這場長達四百年全球帝國競賽勝負的關鍵之一。〔……〕有幸坐擁豐富橡木與松木資源的歐洲國家，若同時具備組織海軍人力的技術知識和政府管理體系，就等於已取得優勢地位。斯堪地那維亞半島有大片松柏木林，是船桅和航海用品的必要原料，而西歐北端的寒冷氣候則利於松木生長得更密實，因為生長季節偏短會使樹木年輪較緊密。瑞典東南部規模相對較小的橡木林，自然是海軍的重要資源，瑞典國王也曾下令最頂級的木材一定要為海軍所用。

十六世紀初，大英帝國的橡木供應量相當充裕，許多

大地主也開始在砍伐森林後進行人工造林。然而這種長期的解決之道，無法立即滿足從英國大舉造船以降便愈加急迫的需求：橡木的成長期長達一百五十到兩百年，卻以驚人的速度消失。面對十七世紀晚期浮現的森林絕種危機警告，英國皇家海軍似乎只是應付了事；一六六四年作家約翰・伊夫林（John Evelyn）發表《森林志：又名林木論》（Sylva: or, a Discourse of Forest Trees）之後，英國造船業仍繼續使用國產橡木超過一個世紀。〔……〕

〔……〕

木材在國際政治的絕對重要性，從打造強大戰艦及耐用商船的規模和複雜程度就可見一斑。十六至十八世紀的歐洲戰船需要數百名專業工匠和數英畝林木打造而成，相關的統計數字相當驚人：一艘配備七十四座大砲的戰艦會耗盡五十到六十英畝森林，或是相當於砍下三千批完全成熟的樹木，每批總計有五十立方呎的木材；立體的骨架和覆板更導致木材用量突破天際，船身至少要以三層厚達數英吋的木板組成。此外，造船本身就是浪費資源的過程：為了造船而被砍伐的樹木大多會遭棄置，通常是因為造船匠發現木紋方向不適合、或有其他瑕疵，有些木材因而成了非常奢侈的木柴。

〔……〕

木材為各種運輸方式奠下基礎（且通常就是字面上的意義），貨物和人口因而能遍布全球和短期間到達鄰近地區；在此之前歷史上多數人的一生都是待在同一地點。無論陸上或海上，幾乎所有運輸工具的工匠都對原料有相同要求：得是數量稀少、堅硬卻有彈性的木材，例如生長在西方溫帶氣候的橡木、榆木和梣木，以及熱帶地區的葉奇木、柚木和紅樹林等。在一些案例中，從十五世紀歐洲列強開始擴張版圖後，對特定木材的需求幾乎對環境造成立即傷害，到十六世紀後期，英國人飽受煤煙引發的空氣污染之苦，正是因為森林快速消失，而其他在異地掠奪森林資源的國家，則較晚才面臨環境危機。因此我們不得不承認這樣的結論：帝國因木材而崛起，也因木材而擴張，但大國卻摧毀了成就自身的森林。〔廖亭雲譯〕

摘文四——木盒的文化思考

Wood: Craft, Culture, History., Harvey Green. New York: Penguin Books, 2006.
Chapter 6 "Thinking Inside the Box," p.234, 242, 271-273.
第六章「在盒子裡思考」

盒子給人安全感；盒子盛裝祕密。自從人類發現了這種需求和慾望，盒子就一直扮演著稱職的角色。盒子的概念最初可能源自有人發現樹木、岩石或地面出現天然的凹洞，由岩石和貝殼製成的工具，則讓人類能在各種材料上鑿洞；最原始的盒子也許是以其他材料當作蓋子，只有蒼蠅般迷你又聰明的動物才有辦法鑽入——而人類就是如此聰明，和造物主有相同的巧思。

[……]

一如在日本，小巧的盒子也讓在印度、中東、北非和歐洲的工匠，得以在木頭上發揮創意，展現精巧工藝。[……]在盒子表面（有時包括四個側面和蓋子）飾以鑲嵌、凹雕和複雜的花紋飾板後，盒子就會變身為「寶匣」（cadket），用於放置珍貴物品，而匣子本身也被視為珍貴物品。

為什麼人們想要收藏這些盒子，又為什麼特別偏好木盒，即使金屬隨手可得？當然，富貴人家肯定會有貴金屬製成的盒子，通常還會嵌上珠寶，雖然盒內顯然藏有更多類似的高貴寶石。而在經濟不那麼寬裕的家庭中，裝飾精美的木製珠寶盒、音樂盒、文具盒和寶匣被擺放於住所中的隱密或私人空間，顯示出節儉和緊繃的經濟狀態，完全不同於鑲嵌珠寶的金銀盒子那種近乎粗魯的炫耀之意。儘管木盒並不像「樸素風格」（plain style）的椅子或其他用品般簡樸，卻仍普遍被認為是以天然材料精心製作而成。此外，木盒的設計通常都以視錯覺、視覺雙關和模仿繪畫為主，畫家和建築師的工藝和藝術就這樣悄悄出現在「不起眼」的木盒表面。

[……]

密封的美德

製成桶狀，經過裝釘和封裝的各種木箱，對經濟發展的貢獻絕不亞於船舶、鐵路、鋼鐵產業、水利、蒸氣引擎和電力，要是少了橡木桶和類似容器，或許就無人能從海岸航向遠方，雖然許多非歐洲民族的原住民如果有先見之明，應會樂見歷史朝這方向發展。若沒有保護和保存貨物的包裝技術，所有經濟體的發展都只能停留在在地規模；若是沒有木匣和籃子，人類文化中的抒情元素也許不致如此豐富，也絕對和現在截然不同。評論家、諮商師、顧問、企業激勵專家，以及所有提供建議後就再無任何貢獻或掉頭就走的角色，近年來都紛紛提倡「跳出箱子思考」（thinking outside the box；譯註：通常譯為「跳脫框架思考」），彷彿箱子是種牢籠；但事實上，箱子及其內容物通常才是眾人最在乎的，不論從具體或譬喻的角度皆然。箱子本身和其中的物品或對象，都不該遭到如此漫不經心的忽略。

箱子又反映出什麼樣的人類文化呢？寶匣或棺材等箱子，用於封存珍貴物品或逝者遺體；而房屋或更大型的建築則提供遮蔽、靈感和慰藉。無論尺寸大小，箱子都是很複雜的結構，因為這種人工製品同時展現了外在與內在（人可能身在其中，也可能只是向內窺探）。箱子能隱藏祕密，若再加上適當機制，還能守住祕密，除非施以暴力或箱子老化變質而分崩離析。箱子協助人類組織生活，像是將書本擺上架子或書櫃，或者將衣物收進抽屜櫃；箱子協助人類掩人耳目，隱藏羞於見人、珍貴、或暴露過多自我的事物。箱子也為人類提供美化裝飾的機會，除了設計外觀，偶爾也會從內部著手。廣告業者搶得先機在各種盒子和板條箱表面貼上標籤紙，尤其在十九世紀後期，彩色平版印刷和其他平價色彩複製技術普及之後，這種作法更是風行。〔……〕

在藝術家手中，箱子則讓他們得以實驗和展現關於抽屜、隔間的精細手藝，以及花紋與形狀在狹小、甚至迷你空間中的視覺互動。〔……〕稀奇古怪的外觀和造型已在箱子藝術界引起風潮，而且很可能會繼續盛行，當然，運用珍貴木材和複雜造型吸引眾人關注箱子本身，而非真正或可能的內容物，這股流行也會持續下去。

那麼這些新興的美學創作，可以與過去彰顯富人地位、鑲嵌珠寶的金銀寶盒相提並論嗎？從展示專用的角度看來，這些藝術箱和鑲滿寶石的盒子都是重新詮釋木材的方法，重點不再是讓人隱藏其中的珍貴物品，而是展現收藏者的卓越美感，甚至多少顯示出收藏者擁有珍視大自然的智慧：選用一小塊可再生的木頭，而不是也許要數百萬年才能生成、閃耀動人的精煉礦石。〔廖亭雲譯〕

摘文五——台灣木業邁向地方聚落與機械化發展

諸葛正，〈日治後期臺灣木工藝產業的環境成長與相關產品、技術上的變化〉，《朝陽學報》第十三期，頁423~454。

二、日治後期台灣木工藝台灣社經與設計面向的發展背景

〔……〕

台灣的木工藝產業於清治後期起，便有許多渡台匠師開始陸續在台各地定居生根。進入日治時期後，受日本本土使用習慣開始西化的轉變影響，台灣本地木工藝產品也逐漸開始有日化、西化的變化出現，這轉變在日治中期（大正時期〔1912-1926〕）時已可得見其初步轉變的結果。而台灣各地的木工藝產業也在日治中期時開始逐漸穩定成形，其中某些地區已是長久歷史發展延續下的累積成果（如台南、彰化、鹿港、台北等地處港口附近的城鎮區域，以大量人口群聚帶出使用需求與產業發展的基礎）；有些則是日人山林開發下所產生的新興地區（如宜蘭、大溪、新竹、三義、豐原、嘉義等鄰近林場的城鎮區域，則是因應林木大量採伐下，所因應衍生而出的地方特色產業）。這些地區無論是因何原因所導致生成，其成熟茁壯的過程在進入日治後期時都有明顯的軌跡可見，且這些台灣各地的地方木工藝產業之自主性發展活動在此時期也開始盛行（如各種展覽與宣傳活動、講習會與技術教育訓練等），這些都是本時期觀察的主要重點。

〔……〕

四、戰前與戰爭中台灣木工藝產業的發展樣貌

1.太平洋戰爭前台灣木工藝產業的發展樣貌

台灣木工藝產業的發展在進入日治後期（昭和前期〔1926-1941〕）後日漸蓬勃成長，蔚然已成為當時各項民生相關產業中的要角。延續日治中期的發展，直至進入戰爭時期為止，台灣木工藝產業的各方面都是向上成長的好光景。〔……〕

無論從工廠數量、工人數量，亦或是產值，都可以看的出來延續著日治中期的產業發展規模基礎。除1930年代初期略有些下降停滯之外，基本上皆呈現穩定上揚成長的走向，由此可知台灣木工藝產業至此時期已呈現出相當的繁榮盛景。而調查項目由家具業轉變成

木製品業，也可看出台灣木工藝產品以及其製造產業的項目類別開始多元化、多樣化的發展軌跡（【……】從1936年-昭和11年開始，木製品調查項目其實已逐漸細分出建具、家具、包裝用木箱、桶及樽、木屐、玩具、車工工藝品、曲木工藝品、木筷等子類別出現）。

當然在產業中自己比，那只看的出該產業的趨勢走向。所以跳出來跟其他 產業比較似乎也有其必要性。以下便從有關文獻中再一探不同產業間的比較結 果，從1926年（昭和元年）至1936年（昭和11年）的報導台灣產業有關的訊息文獻（戰前文獻）中，探尋戰爭前台灣木工藝產業的發展實景。1926年（昭和元年）台灣總督府所編著的「臺灣事情（臺灣總督府編，1926）」一書中「工業篇」曾提及：「…本島的工業以製糖為首，緊接著是製茶、酒精、鐵工業、水泥…，小工業則以木製品為主，其他還有麵類、製帽、金銀細工、金銀紙、竹細工與藤細工、鞋、線香、製蓆、稻草繩…」。由此文中便可看出在進入昭和前期時，木工藝產業已是大型工業以外的產值榜首項目，再核對同書中所列示的「1924年（大正13年）諸工業產額五萬圓以上」統計表內容，也可看出木製品項目產值只排於砂糖、包種茶、酒精、烏龍茶四項目之後，名列產值第五名。由此可知此時期的木製品雖仍列於雜工業項目中，但卻已成長為當時台灣工業項目要角的不爭事實。

2.地方產地特色形成的實景

本地木工藝產業的發展盛景，還可以用地方特色產地開始出現一事再進一步的說明強化。台灣木工藝產業在此時期以前，地方特色並未被明顯呈現，但從此時期開始，相關文獻中也陸續有重要產地的訊息顯露出來。如「臺灣總督府統計書」與相關地方性志書的地區統計數字的分類動作已不用再多做說明，倒是像「臺灣總督府殖產局商工課工業彙報第九號（須田一二三，1936）」的一篇專文中，明白提及「臺北、臺中、臺南、高雄、新竹」是台灣產木製工藝品（箱、雕刻類）的特色產地，且已幾乎遍佈於台灣西半部（這些應該都是以當時的州為單位名詞），只差沒列入花東、澎湖地區而已，顯見當時台灣的幾個主要行政區域都市的木工藝產業皆相當盛行，且已能夠開始用產地特色更加深強化其印象。而這印象也能從「木工工藝概論（臺灣總督府殖產局，1936）」所整理出的「日治後期台灣主要木工廠一覽表」［……］中，台灣主要木工廠的分布區域上得知，當時台灣主要著名的木工廠，皆集中於台北州（台北市、板橋）、台中州（台中市、鹿港、北斗）兩區域，可見得至此時期為止，台北與台中地區因為製造與販售的便利性，而成為主要知名木工廠的集散區域（且這些木工廠皆主要產製家具）。

［……］

五、機械化技術發展與技術講習、宣傳活動盛行的產業氛圍

1.日治後期機械化技術的宣傳與發展

［……］

而在日本本土，利用機械建立家具大量生產線的製造模式，也是始於1935年（昭和10年）的島崎木工（後來的協和木工）（成田壽一郎，1976），至於台灣，在［太平洋］戰爭結束前都未曾得見大量生產型態的木工藝產業工廠紀錄出現。不過，工廠中使用木工機械的紀錄，則已從此時期開始逐漸增加，［……］台中州統計項下的使用電動機械木工廠數的數字，便是呈現逐年增加的走向趨勢［……］。1936年（昭和11年）所出版的「木工工藝概論（臺灣總督府殖產局，1936）」一書的第六章「木工機械要項」中，開宗明義便論及：「從來吾國木工製品知名於外的唯一條件，便是因為榫卯技術為他國所不及的特徵。但接下來，木工藝品更應該運用現今的進步技術，製造優秀且廉價的作品，以求取朝向大眾化發展的腳步。而因為製作木工藝品需要許多工資（工人），為了更加經濟化，某種程度的機械化以使生產費下降的作法便有其必要性…」，表示出此時期為提倡將木工機械帶入木工藝產業中，而對台灣木工藝產業從事者所作的機械化發展呼籲。這也顯示出台灣木工藝產業正式邁向機械化發展腳步的開始。

附錄二、參觀與體驗

木匠兄妹 DIY 休閒園區

電話：04-25590689
地址：台中市后里區舊圳路 4-12 號
開放時間：9:00-17:00（每日）
展示：工廠導覽（需事先預約）
DIY：筷子、杯墊、源木燈、湯匙等
原工廠營業項目：窗花

老樹根魔法木工坊

電話：04-22628621
地址：台中市南區樹義路 63 號
開放時間：9:00-17:00（六、日、國定假日，平日限團體預約）
展示：木偶、各國木玩具
DIY：彈珠台、板凳、櫃子、面紙盒等
原工廠營業項目：玩具

敲敲木工房

電話：04-92917803
地址：南投縣埔里鎮大同街 37 號
開放時間：9:30-12:00、13:00-16:30（一、四、五、六、日，平日需預約）
DIY：音樂盒、玩具等
原工廠營業項目：家飾

林班道體驗工廠

電話：04-92777462#11
地址：南投縣水里鄉車埕村民權巷 101-5 號
開放時間：9:30-18:00（每日）
DIY：童玩、家具及各式手工藝品
原工廠營業項目：林業

沐藝鄉 DIY 觀光休閒工廠

電話：05-7893727
地址：雲林縣口湖鄉謝厝村水尾 51 號
開放時間：08:30-12:00、13:00-16:30（每日）
展示：家飾用品製造
DIY：吊衣架、時鐘、信箱、門牌，風鈴，提籃，鑰匙盒等
原工廠營業項目：雕刻

愛木村觀光工廠

電話：05-2322441
地址：嘉義市東區文化路 909-3 號
開放時間：9:00-17:30（每日）
展示：各種木材介紹、互動遊戲
DIY：筷子、木盒、風鈴、吊牌等
原工廠營業項目：製材、一般木工

美雅家具觀光工廠

電話：06-6817456
地址：台南市白河區甘宅里 101-1 號
開放時間：9:00-17:00（週一休）
展示：家具製程
DIY：玩具、筆筒、面紙盒、壁掛
原工廠營業項目：家具

台南家具產業博物館

電話：06-2661193
地址：台南市仁德區二仁路一段 321 號
開放時間：10:00-17:00（週一休）
展示：家具產業工藝
DIY：筷子、玩具、板凳等
原工廠營業項目：家具

附錄三、參考資料

書籍

"Studies in the history of machine tools",Robert S. Woodbury,MIT Press, 1972

《台灣的自然資源與生態資料庫 三 農林漁牧》，行政院農委會林務局，二〇〇六

《台灣的林業》，姚鶴年，台北遠足文化，二〇〇六

《巧雕細琢：臺灣特色木工藝文化》，朱致宜，國立臺灣工藝研究發展中心，二〇一一

《耕耘臺灣農業大世紀 - 林業印記》，行政院農業委員會林務局，二〇一三

《職人之器：台灣細木作手工具概覽》，國立臺灣工藝研究發展中心，二〇一六

期刊

〈璀璨光華的「天然樹脂」豐原漆器的流金往事〉，聞健，台灣月刊 96 年 2 月號，二〇〇七

論文

帝國的山林—日治時期臺灣山林政策史研究，李文良，二〇〇一

戰後初期之臺灣國有林經營問題—以國有林伐採制度為個案，洪廣冀，二〇〇二

林學、資本主義與邊區統治—日治時期林野調查與整理事業的再思考，洪廣冀，二〇〇四

森林經營典範轉移對台灣森林科學社群影響之研究，王培蓉，二〇〇四

嘉義市木材業發展的產銷運作與社群網絡之研究，王一婷，二〇〇五

從文獻回顧看臺灣地區木材生產制度之演進，黃愷茹，二〇〇五

以傳統木建築之構造形式探討文化因素在產品設計上的運用—以榫卯接合為例，莊宗勳，二〇〇七

日治後期臺灣木工藝產業的環境成長與相關產品、技術上的變化，諸葛正，二〇〇八

日治時期臺灣木材的供給、銷售與統制，蔣亦麟，二〇〇九

身體的技藝—羅東林產工業下的匠人生成，施佩吟，二〇〇九

台灣實木家具產業變遷的研究，陳正和，二〇一〇

日本における木工ろくろの技術改良と普及に関する民具学的研究，木村裕樹，二〇一二

私有林永續木材生產策略與可行性評估，羅凱安，二〇一三

由「藝」到「役」傳統木工技藝場域中勞動意義之變遷，徐明君，二〇一三

感謝名單

（敬稱略）

	王進興
	江隆國
	周月英
	周讚成
	侯志慶
	高立杰
	陳秀美
FabCafe	Tim Wong、黃宜品
人禾環境倫理發展基金會	方韻如
山水亭銘木漆器工作室	張國通
大肯曲木	劉崑源
山榮木業股份有限公司	林政鋒
永隆林業生產合作社	詹益洲
正昌製材有限公司	梁兆清、梁國興
永興祥木業	江文義、許爾育
台灣千里步道協會	林芸姿
明昇木業	李明生、李文深、曾文泰、羅三元
林務局	翁儷芯、鄧江山
玩偶的家	陳國棟
屏東科技大學木材科學與設計系	林錦盛、黃俊傑
振茂木業	黃振鵬
順益木業	顏朝順、顏維德
新竹林管處	林澔貞、鄭如珍、謝立忻
漢三木業	劉清林
銘木股份有限公司	李界煌
德豐木業	李成宗
豐園北科大木創中心	陳誌誠
羅東林管處	潘孝隆

成材的木，成器的人：台灣木職人的記憶與技藝

Experiences in Wood, the Craftsman's Experience: The Memory and Artistry of Taiwan's Wood-workers

總 編 輯　周易正
企　　畫　行人文化實驗室
攝　　影　翁子恒
採訪撰文　王妃靚、李佩璇、陳泳翰
美術設計　田修銓
執行編輯　楊琇茹、李佩璇
編輯助理　洪郁萱、黃喆亮、鄭治明
行銷業務　華郁芳、郭怡琳
專案顧問　二本柳友彥、堀内康広
印　　刷　崎威彩藝

定　　價　360 元
ISBN　978-986-94451-8-4
2017 年 09 月初版一刷

出 版 者　行人文化實驗室
發 行 人　廖美立
地　　址　10049 臺北市北平東路 20 號 5 樓
電　　話　+886-2-2395-8665
傳　　真　+886-2-2395-8579
網　　址　http://flaneur.tw

總 經 銷　大和書報圖書股份有限公司
電　　話　+886-2-8990-2588

國家圖書館出版品預行編目 (CIP) 資料

成材的木，成器的人：台灣木職人的記憶與技藝 / 行人文化實驗室企畫作 . -- 初版 . -- 臺北市：行人文化實驗室，2017.08
面；　公分
ISBN 978-986-94451-8-4(平裝)

1. 木工 2. 工藝設計 3. 工匠 4. 臺灣傳記
474　　106014188